基于职业类型的科技工作者总量测算与结构分析

周大亚 黄园淅 等◎著

内容提要

本书是《科技工作者职业类型研究》进一步深化的成果。全书共分六章，从研究目的、文献综述、测算方法、测算结果、政策思考、研究展望六个方面，系统介绍了我国科技工作者测算的方法与结果，并对其结构特点进行分析，展示了我国科技工作者队伍基本状况、存在问题和未来展望，是系统了解我国科技工作者国情国力状况的重要资料。

本书可供从事科学研究工作的专家学者、政府决策人员、科技管理人员及广大科技工作者阅读，也适合对科技工作者及其相关领域感兴趣的大众读者参阅。

图书在版编目(CIP)数据

基于职业类型的科技工作者总量测算与结构分析/周大亚等著. —上海:上海交通大学出版社,2023.5

ISBN 978-7-313-28535-5

Ⅰ.①基… Ⅱ.①周… Ⅲ.①科学工作者—工作量—研究—中国 Ⅳ.①G316

中国国家版本馆 CIP 数据核字(2023)第 059535 号

基于职业类型的科技工作者总量测算与结构分析

JIYU ZHIYE LEIXING DE KEJI GONGZUOZHE ZONGLIANG CESUAN YU JIEGOU FENXI

著　　者：周大亚　黄园淅 等

出版发行：上海交通大学出版社　　地　　址：上海市番禺路 951 号

邮政编码：200030　　电　　话：021-64071208

印　　制：苏州市古得堡数码印刷有限公司　　经　　销：全国新华书店

开　　本：710mm×1000mm　1/16　　印　　张：11.5

字　　数：121 千字

版　　次：2023 年 5 月第 1 版　　印　　次：2023 年 5 月第 1 次印刷

书　　号：ISBN 978-7-313-28535-5

定　　价：78.00 元

研　究　组

组　长

周大亚　黄园淅

副组长

赵吝加　艾小青

成　员

郝龙华　田雅敏

刘　玄　石　磊

程　豪

绪 论

在技术创新过程中，人是最能动也是最异质的变量。相对于以物为研究对象的新古典经济学，新增长理论开始关注经济增长过程中人才因素的作用。但它仅以受教育年限为依据，对人才这一最异质的创新要素进行抽象，带入总量生产函数中，其结果必然难以令人满意。试想，一个小学尚未毕业的爱迪生，与一个碌碌无为的博士生，他们对技术创新的贡献怎么能仅仅以受教育年限为标准进行折算呢？以国家创新体系理论为代表的新熊彼特学派，显然意识到了这一点，所以它干脆对此不作抽象，而以系统论思维，研究包括人才在内的创新要素在不同创新部门之间的配置及流动效率，进而探究一国或区域创新系统的结构、功能和协同状况。这也许就启示我们，对技术创新过程中人才因素的作用的理性思考、知性表达，还是要从最基础的感性观察开始。

本书是《科技工作者职业类型研究》进一步深化的成果。基于对我国科技工作者规模及结构开展实证研究的目的，《科技工作者职业类型研究》首先对“科技工作者”作出概念界定，即科技工作者是指以从事科学知识和技术技能的生产、传播、扩散、应用及相关服务为职业的劳动者。随后，依据这一定义，以《中华人民共和国职业分类大典(2015 年版)》(以下简称"《大典》")为基础，结合 2019 年新增职业类型，对我国科技工作者职业类型进行逐一甄别，得出截至 2019 年底，我国科技工作者职业类型共有 4 个大类、27 个中类、187 个小类、677 个职业，占《大典》所列的职业总数的 45.7%。

以这 677 个职业类型为基础，具体测算每一职业类型科技工作者的数量，据此加总后，得出我国科技工作者的总量规模，进而分析其结构特点，具体了解我国科技工作者队伍的国情国力状况，则是本书的任务。

一、测算方法

对 677 个职业中每一个职业科技工作者数量进行统计测算，再通过算术方法加总，得出我国科技工作者总量规模，这是目前最准确、最可信的测算方法。然而事实上，在这 677 个职业中，只有极少部分有关行业主管部门会定期发布其科技工作者的数量信息，其他绝大部分职业科技工作者数量并无完整、准确的统计数据。囿于普查手段在未来相当长时期内难以做到，加之受调查预算硬约束等条件所限，通过抽样调查和典型单位调查方法获取其他职业科技工作者数量，是本书所了解的研究方法中相对缺点较少、成本可控、操作方便的研究方法。

根据定义，科技工作者是一个职业概念。为此，将其分为"在职科技工作者"和"离退休科技工作者"两个大类。测算科技工作者总量，就可分三步走。

第一步,计算在职科技工作者数量,具体过程如下所示。

首先,从行业主管部门发布的统计公报中获取有关职业科技工作者数量。具体来说,就是针对专业技术人员、技术技能人才、社会生产生活服务中的科技工作者每一小类或细类,以国家统计局、教育部、卫健委、人社部等官方统计数据为准,获得部分职业科技工作者数量信息,这些职业包括高等教育教师、卫生专业技术人员等。

其次,通过问卷调查方法获取不同职业科技工作者数量的比例结构。此次共发放调查问卷 12 000 份,回收有效问卷 11 577 份,有效回收率为 96%,其中属于科技工作者填写的问卷为 8 525 份。随后,以从统计公报中获取的有关职业科技工作者数量为辅助信息,通过对回收调查问卷的数据处理,运用比率估计方法,结合模型平均方法赋权,推算有关职业科技工作者数量。

再次,对因问卷调查数量有限而导致科技工作者数量结构特征呈现不明显的 12 个职业,通过典型单位调查法,推算其科技工作者数量。具体来说,就是针对土地整治工程技术人员、土壤肥料技术人员、植物保护技术人员、作物遗传育种栽培技术人员、动植物疫病防治人员、畜禽种苗繁育人员、农村能源利用人员、农机化服务人员、气象服务人员、海洋服务人员、有害生物防治人员、玻璃及玻璃制品生产加工人员这 12 个职业小类,根据行业特点,遴选具有代表性的单位进行数据考察,推算此职业科技工作者数量。

最后,通过对各职业科技工作者数量的统计数据或推算结果的简单加总,得出我国“在职科技工作者”的总量规模。

第二步,计算离退休科技工作者数量。采用比例推算方法,即通过全社会离退休人员与就业人员比例,结合在职科技工作者数量,进行等比率推算。

第三步,计算科技工作者总量。即将在职科技工作者和离退休科技工作者数量加总。

二、基本结论

基于科技工作者的职业类型,运用上述测算方法,研究得出截至2020年底我国科技工作者总量规模与结构特征结论如下所示。

1. 总量规模

截至2020年底,我国共计676个职业(军人职业除外)的科技工作者总量为5 835.78万人,其中"在职科技工作者"为4 987.78万人,占科技工作者总量的85.47%;"离退休科技工作者"为848万人,占科技工作者总量的14.53%。

从全部3个职业大类看,第一大类"专业技术人员中的科技工作者"人数最多,为3 312.36万人,占科技工作者总量的66.41%;第三大类"社会生产生活服务业中的科技工作者"次之,为849.03万人,占科技工作者总量的17.02%;第二大类"技术技能人员中的科技工作者"人数最少,为826.39万人,占科技工作者总量的16.57%。

从全部27个职业中类看,科技工作者总量排名在前7位的职业中类分别是:①工程技术人员,总量为1 414.23万人,占科技工作者总量的 28.35%;②卫生专业技术人员,总量为 1 064.75 万人,占科技工作者总量的 21.35%;③自然科学教学人员,总量为 653.65 万人,占科技工作者总量的 13.10%;④制造业人员中的科技工作者,总量为 575.42 万人,占科技工作者总量的 11.54%;⑤信息传输、软件和信息技术服务人员中的科技工作者,总量为 331.36 万人,占科技工作者总量的 6.64%;⑥交通运输、仓储和邮政业服务人员中的科技工作者,总量为 146.48 万人,占科技工作者总量的 2.94%;⑦技术辅助服务人员中的科技工作者,总量为 145.32 万人,占科技工作者总量的 2.91%。

科技工作者总量排名在后 7 位的职业中类分别是:①其他社会生产和生活服务人员,总量为 0.49 万人,占科技工作者总量的 0.01%;②健康服务人员中的科技工作者,总量为 2.95 万人,占科技工作者总量的 0.06%;③采矿业人员中的科技工作者,总量为 2.95 万人,占科技工作者总量的 0.06%;④法律、社会和宗教专业人员中的科技工作者,总量为 5.90 万人,占科技工作者总量的 0.12%;⑤飞机和船舶技术人员,总量为 6.39 万人,占科技工作者总量的 0.13%;⑥租赁和商务服务人员中的科技工作者,总量为 6.39 万人,占科技工作者总量的 0.13%;⑦安全和消防人员中的科技工作者,总量为 7.87 万人,占科技工作者总量的 0.16%。

从全部 186 个职业小类看,科技工作者数量在科技工作者总量中的占比排名前 4 位的分别是自然科学中小学教育教师、护理人员、信息和通信工程技术人员、临床和口腔医师,其占比分别为 10.52%、9.44%、8.72%和 6.59%。占比排名前 10 位的职业小类(自然科学中小学教育教师、护理人员、信息和通信工程技术人员、临床和口腔医师、电子工程技术人员、软件和信息技术服务人员、建筑工程技术人员、机械工程技术人员、信息通信网络维护人员、专业化设计服务人员),其占比之和达53.87%。有16个职业小类[电子工程技术人员、软件和信息技术服务人员、建筑工程技术人员、机械工程技术人员、信息通信网络维护人员、专业化设计服务人员、自然科学高等教育教师、物业管理服务人员、乡村医生、汽车零部件、饰件生产加工人员、仓储人员、保险专业人员、电气工程技术人员、管理(工业)工程技术人员、电子专用设备装配调试人员]的占比在1%—5%之间。超过一半(104个)职业小类的占比在0.01%—0.1%之间。另有42个职业小类的占比不足0.01%。

2. 结构特征

关于年龄结构。本书的调查样本将科技工作者的年龄以每5岁为一个年龄组,分别统计各年龄组人数在科技工作者总量中的占比。结果发现,26—30岁、21—25岁、31—35岁、36—40岁年龄组人数显著高于其他年龄组,且这四组人数之和占样本总数的近75%。这说明我国科技工作者队伍具有鲜明的年轻化特点,这支年轻的科技人才队伍是建设世界科技强国宝贵的资源。

关于学历结构。根据本书的调查样本,在我国科技工作者中,本科学历者最多,占科技工作者总量的64%;其次为专科学历者,占比为14%;再次为研究生学历者,占比为13%;随后为高中、中专、职高学历者,占比为7%;初中及以下学历者人数最少,仅占2%。这说明我国科技工作者队伍的整体受教育水平较高。

关于职称结构。根据本书的调查样本，在我国科技工作者中，有职称者占比为70.03%，其中高级职称者占比为12.47%，中级职称者占比为32.49%，初级职称者占比为25.07%；无职称或不知道职称者占比为29.97%。这说明专业职称是当前我国科技工作者重要的职业评价标准。

关于就业身份结构。根据本书的调查样本，在我国科技工作者中，有固定雇主的科技工作者占比为78.21%，为自由职业者的占比为17.03%，自己当雇主或老板的占比为4.76%。这说明有相对稳定的工作岗位是当前我国科技工作者的主要就业方式，激励更多科技人才创新创业创造还有较大的工作空间。

关于就职地区结构。根据本书的调查样本，我国科技工作者就职地区分布最多的是地级市，占比达40.88%；其次为直辖市和省会城市，占比为30.28%；随后为副省级城市，占比为28.56%；县级及以下地区占比最少，仅为0.28%。说明在我国现代化和城镇化快速发展的过程中，中心城市是科技工作者的主要就职地。

关于知识技能应用情况。根据本书的调查样本，在我国科技工作者中，从事技术与技能应用者占比最高，达55.72%；其次为技术开发者，占25.97%；再次为应用科技知识开展相关工作者，占24.96%；随后为科学普及推广者，占21.84%；再随后为科技教育者，占19.28%；开展科学研究者占比为14.69%。提升国家创新系统运转效能，围绕科技知识生产、传播、应用、扩散形成合理的科技工作者队伍结构，需要立足国情和我国创新的历史阶段开展研究，这也应成为我国创新政策和科技人才政策的重要发力点。

关于身份认同情况。在被调查对象中，明确认同自己是科技工作者的，占比仅为13.09%；勉强认同自己是科技工作者的，占比高达46.72%；不知道自己是否属于科技工作者的，占比为4.59%；还有35.60%的被调查对象甚至明确表示自己不是科技工作者。此外，56.60%的无职称者不认为自己是科技工作者，在33.30%的制造业科技工作者中，不明确认同自己的科技工作者身份。这说明即使在科技工作者群体中，对科技工作者身份边界的认同仍然是非常模糊的。

三、政策含义

创新之要，唯在得人。建设世界科技强国，必须加快建设世界人才中心和创新高地，围绕全方位培养、引进、用好人才提升政策制定的针对性和政策落实的实效性，把科技工作者的创新创造活力充分调动激发好。

一要着力培养用好一支规模宏大、结构合理的科技工作者队伍。根据本书，截至2020年底，我国科技工作者总量规模为5 835.78万人，其中在职科技工作者为4 987.78万人，占我国同期就业人口的6.64%。而据美国国家科学委员会发布的《美国科学与工程指标2022》相关数据，截至2019年底，美国科学、技术、工程和数学(STEM)劳动力总数为3 609.4万人，占美国劳动力总量的23%。由此可见，就科技劳动力绝对数量而言，我国比美国要多，但就科技劳动力在全社会劳动力中的占比而言，我国还远低于美国。这表明，我们必须始终高度重视科技人才的培育工作，在全方位培养、引进、用好人才方面持续发力，稳步提升我国劳动力的科学素养和技术技能。本书同样表明，截至2020年底，我国科学研究和工程技术人员总计1484.94万人，占科技工作者总量的25.53%，占在职科技工作者的29.77%。而截至2019年底，美国STEM劳动力中科学与工程及相关职业者共2167.3万人，占STEM劳动力总量的40%；在科学与工程相关职业中获得学士及以上学位的人员中，拥有职业证书或资质者占比达69%，即使未获得学士学位的人员，也有53%拥有职业证书或资质。这表明，在工业化中后期，恰遇运用现代信息技术改造提升传统产业，推动我国由制造大国向制造强国迈进，科技人才培养工作必须把科学与工程及相关领域作为政策重点，创新人才培养模式，从而为我国经济社会高质量发展奠定坚实的人才基础。

二要更加重视培养和用好用活青年科技工作者。根据本书，截至2020年底，我国科技工作者队伍中26—30岁、21—25岁年龄组人数最多。事实上，青年是我国科技工作者队伍的主体这一结论与我国科技人力资源的发展特点得到相互印证。根据《中国科技人力资源发展研究报告(2020)》相关数据，截至2005年底，40岁以下群体占我国科技人力资源总量的65.7%，到2017年这一比例已超过75%，到2019年底这一比例更上升至76.19%。从我国40岁以下群体在科技人力资源总量中的占比发展趋势看，随着我国高等教育大众化的深入发展，可以预见，在未来相当长一段时期内，青年将始终是我国科技工作者队伍的主体，青年科技工作者的创新创造能力将直接决定我国整体科技实力和国际竞争力。应该看到，当前我国青年科技工作者在创新、创业、创造方面还面临许多突出问题和困难。中国科学技术协会2022年开展的第五次全国科技工作者状况调查结果显示，29.2%的科技工作者认为，当前青年科技人员成长受限问题“非常严重”或“比较严重”；48.2%的青年科研人员认为需要“科研团队的协同和配合”，46.8%的青年科研人员认为需要“科研方向的点拨和指引”，46.2%的青年科研人员认为需要“科研启动经费支持”，35.8%的青年科研人员认为需要“公平竞争和开放自由的发展环境”。这表明，充分释放青年科技工作者创新创造活力，我们还有许多政策不完善或政策落实不到位的地方，应该聚焦青年科技工作者反映强烈的突出问题，强化政策精准发力、持久用力，帮助他们在人生创造力的黄金期人尽其才、才尽其用。

三要打造大批一流科技领军人才和创新团队。在本书调查样本科技工作者中，本科学历者超过一半，达64%；研究生学历者达13%；专科学历者也有14%。这说明，我国科技工作者队伍的整体学历层次还是比较高的。事实上，我国本科及以上学历者在科技工作者中的占比比美国还高。根据《美国科学与工程指标2022》系列报告相关数据，截至2019年底，美国55%的STEM劳动力未拥有学士学位，其中没上大学的占比45%，职业培训是未拥有学士学位STEM劳动力进入职场的主要方式。另一方面，随着高等教育大众化的快速发展，本科及以上学历者在我国科技人力资源中的占比不断提升。根据《中国科技人力资源发展研究报告(2020)》相关数据，2005年我国本科及以上科技人力资源所占比重不足40%，到2019年底这一比例提升至46.78%。未来我国本科及以上学历的科技工作者占比还将进一步提升。同时也要看到，在我国本科及以上学历科技工作者中，顶尖科学家、一流科技领军人才和创新团队仍然匮乏。根据科学数据库科睿唯安(原汤森路透旗下知识产权与科技事业部)发布的2021年度“全球高被引科学家”共6602位科学家名单，中国科学家有1053人次，占比为22%；而美国则以2263人次占总数的40%，继续位居世界领先地位。这就要求我们今后要大力培养使用战略科学家，有意识地发现和培养更多具有战略科学家潜质的高层次复合型人才，着力打造大批一流科技领军人才和创新团队，不断聚集建设世界重要人才中心和创新高地的战略科技人才力量。

四要不断强化科技工作者的身份认同和价值认同。在本书调查样本中，明确认同自己是科技工作者的只有13.09%，勉强认为自己可能是科技工作者的达46.72%，明确表示自己不是科技工作者的高达35.60%。还有34.70%的教育、卫生等专业技术人员不认同自己是科技工作者，49.30%的无职称人员不认同自己科技工作者的身份，多数中小学教师也不认为自己属于科技工作者行列。增强科技工作者的职业自豪感和荣誉感，首先要强化科技工作者的身份认同感。现在国家已将每年5月30日定为“科技工作者日”，今后还需在科技工作者职业类型和岗位边界方面大力做好宣传、普及和辨识工作，让科技工作者成为社会公众崇尚和追随的职业。与此同时，科技工作者对自身职业的价值认同也有许多亟待改进之处。中国科学技术协会2020年开展的专项调查结果显示，近四成科技工作者认为学术圈子和关系文化盛行(39.80%)、学风浮躁浮夸(38.20%)、学术民主氛围欠缺(37.80%)是当前我国科技界存在的突出问题。同样调查结果显示，

13.40%的科技工作者认为本群体在“勇攀高峰、敢为人先”方面做得还比较差或非常差，13.30%认为在“追求真理、严谨自学”方面做得比较差或非常差。爱国、创新、求实、奉献、协同、育人的中国科学家精神是我国科技工作者的职业底色，是我国科技界代代传承的文化基因和精神血脉。今后要大力弘扬中国科学家精神，用科技界先进典型和优秀事迹激励广大科技工作者砥砺报国之志、勇追科学梦想，尊承前贤、开慈后学，让中国科学家精神在中华大地扎深根、结硕果、永流传。

四、本书有待深化之处

本书是在对科技工作者作出概念界定、明确职业类型基础上，进行总量测算和结构分析的首次尝试，不足之处或有待深化的研究至少有以下三个方面。

（1）关于测算方法。在充分采集行业主管部门公开数据基础上，运用抽样调查和典型调查方法进行科技工作者总量测算。在抽样调查中，基于样本框未知的事实，采用非随机抽样方法。同样受客观条件所限及为提高调查效率，相关调查在保证样本随机性和代表性基础上，主要采用在线调查。我们深知，测算科技工作者总量规模的方法至关重要，故而对其优点，特别是缺点从不敢讳言。为此，我们将具体调查方案在本书第三章做出详尽、细致的说明，目的就是要求教于同行，恳请批评指正，更期待日后研究方法能有进一步完善与创新。

（2）关于总量的数据比较。在对截至2020年底我国科技工作者总量进行测算基础上，本书也使用美国STEM劳动力相关数据进行国别比较。我国科技工作者职业类型与美国 STEM 劳动力职业情况的统计口径是否完全一致，或两者在数据比较方面需要注意什么问题，相关专题研究还需继续深化。同时，本次科技工作者总量测算还只是一个截至 2020 年底的静态横截面数据，若能开展长期跟踪测算，就能得出更多关于我国科技工作者总量和结构变化特征的研究成果，我们同样对此充满期待。

（3）关于结构分析。本书对科技工作者数量结构特征的分析，还是基于 8 525 份有效调查问卷的统计结果，调查问卷设计的问题比较少，由此得出的结构分析结论必然比较有限。这就要求通过开展全国科技工作者状况整体调查和专项调查，对本次研究的结构分析结论作出验证，并进一步深化。此项扩展的跟踪研究，无疑也具有很高的学术价值和政策意义。

历史总是用存在表达真，用包容表达善，用生生不息表达美，用沉默无言表达爱。盛世穹庐下，愿 5 835.78 万名中国科技工作者都拥有快意飞扬的科技人生，一起书写属于这个民族的时代传奇。

周大亚

2023 年 2 月 19 日

目 录

第一章

研究目的与意义

人是生产力中最活跃的因素，也是科技创新中最关键的因素。科技自立自强是国家强盛之基，是把握重要战略机遇期、提升综合国力的战略支撑。科技工作者是科技创新的主体，也是实现高水平科技自立自强的最重要因素之一。切实了解科技工作者群体的基本状况，对于建设世界重要人才中心和创新高地，实现中国式现代化具有现实意义。

第一节　研究意义

科技工作者是建设世界科技强国、实现高水平科技自立自强的重要人才支撑。了解我国科技工作者的总量规模和结构情况是国情国力基础性调查工作之一，也是丰富和强化我国战略人才力量的重要举措。

一、科技工作者的战略意义

科技立则民族立，科技强则国家强。我们党始终高度重视科技事业，科技事业在党和人民事业中始终具有十分重要的战略地位，发挥了十分重要的战略作用。党的十八大以来，以习近平同志为核心的党中央坚持把科技创新摆在国家发展全局的核心位置，坚持党对科技事业的全面领导，牢牢把握建设世界科技强国的战略目标，充分发挥科技创新的引领带动作用，全面部署科技创新体制改革，着力实施人才强国战略，扩大科技领域开放合作。

人才资源是第一资源。科技创新离不开创新人才，科技工作者群体建设是科技创新体系建设的重要一环。特别是党的十八大以来，科技人才发展与科技创新相互成就，我国无论是基础研究、高新技术，还是成果转化、工程应用，重大创新竞相涌现，一些前沿领域开始进入并跑、领跑阶段，中国科技实力实现历史性跨越，我国在全球创新版图中的位势节节攀升。我国科技创新取得新的历史性成就充分证明了人才资源是第一资源，也是创新活动中最为活跃、最为积极的因素，我国广大科技工作者大有作为，对我国发展的支撑作用前所未有。

党和国家一直以来高度重视科技工作者。中华人民共和国成立伊始，党中央迅速开展了新时期国家人才战略的规划酝酿工作，一方面，强化人才在社会主义建设事业中的决定性地位，另一方面宣示知识分子是工人阶级一部分的重大人才方针，同时采取积极措施大力争取和吸引海外人才回国服务，努力把党内外、国内外的各方面优秀人才集聚到国家建设进程中。毛泽东在 1956 年 1 月 25 日召开的最高国务会议第六次会议上，进一步明确提出了“决定一切的是要有干部，要有数量足够的、优秀的科学技术专家”的人才战略思想。同年，中共中央在中南海隆重召开全国知识分子问题会议，周恩来代表中共中央作《关于知识分子问题的报告》，充分肯定了知识分子在我国社会主义建设中不可忽视的地位和作用，第一次把知识分子从以往党的“争取和团结对象”提升到了“重要依靠对象”。邓小平在 1978 年 3 月召开的全国科学大会上提出了“科学技术是生产力”“知识分子是工人阶级的一部分”等著名论断。江泽民在 1995 年 5 月召开的全国科学技术大会上，向全党、全国人民发出了坚定不移地实施科教兴国战略的伟大号召，并在 2001 年 8 月北戴河会见部分科学家时第一次明确提出“人才资源是第一资源”的思想，把人才问题提高到关系党和国家兴旺发达和长治久安的高度。2003 年，中央批准成立中央人才工作协调小组，同年召开中华人民共和国成立以来第一次全国人才工作会议，胡锦涛在会上明确提出实施人才强国战略。党的十七大第一次将人才强国战略写入党代会报告和载入党章，进一步提升了人才强国战略在党和国家战略布局中的地位。2010 年召开的全国人才工作会议上，胡锦涛提出“人才资源是第一资源，必须用战略眼光看待人才工作，立足新的起点做好人才工作，形成育才、引才、聚才、用才的良好环境和政策优势，加快建设人才强国”。党的十八大以来，习近平总书记多次指出人才资源是第一资源，党中央作出人才是实现民族振兴、赢得国际竞争主动的战略资源的重大判断，作出全方位培养、引进、使用人才的重大部署。党的十九大报告提出，人才是实现民族振兴、赢得国际竞争主动的战略资源。2021 年，习近平总书记在中央人才工作会议上强调，深入实施新时代人才强国战略，加快建设世界重要人才中心和创新高地。2021 年 12 月，《中华人民共和国科学技术进步法》

修订通过。针对激发科学技术人员创新创造活力、加强创新人才教育培养，新增了大量内容，并明确规定每年 5 月 30 日为“全国科技工作者日”，科技工作者的地位得到了法律保障。党的二十大报告就“实施科教兴国战略，强化现代化建设人才支撑”作出专章部署，明确指出“必须坚持科技是第一生产力、人才是第一资源、创新是第一动力，深入实施科教兴国战略、人才强国战略、创新驱动发展战略”。

从毛泽东鲜明提出“政治路线确定之后，干部就是决定的因素”，到邓小平大力倡导“尊重知识、尊重人才”，再到习近平总书记突出强调“人才是第一资源”，百年大党求贤若渴、珍视人才的优良传统薪火相传，一代又一代优秀人才接续投身党和人民的伟大事业，在革命、建设、改革的历史画卷中写下动人精彩的篇章。一部中国共产党的奋斗史，就是一部集聚人才、团结人才、造就人才、壮大人才的历史。特别是党的十八大以来，以习近平同志为核心的党中央统揽伟大斗争、伟大工程、伟大事业、伟大梦想，作出人才是实现民族振兴、赢得国际竞争主动的战略资源的重大判断，作出全方位培养、引进、使用人才的重大部署，广开进贤之路、广纳天下英才，推动新时代人才工作取得历史性成就、发生历史性变革。

当前，我国进入了全面建设社会主义现代化国家、向第二个百年奋斗目标进军的新征程，我们比历史上任何时期都更加接近实现中华民族伟大复兴的宏伟目标，也比历史上任何时期都更加渴求人才。实现我们的奋斗目标，高水平科技自立自强是关键。为了努力抢占科技制高点，把握科技发展主动权，就必须依靠创新支撑和人才引领，就必须依靠广大科技工作者。

二、测算科技工作者总量的意义

千秋基业，人才为先。科技工作者是实际从事系统性科学和技术知识的产生、发展、传播和应用活动的劳动力，是推动我国科技事业创新发展的主力军，是实现社会主义现代化强国的重要力量。党的十八大以来，从“嫦娥”飞天到“蛟龙”入海，从“天眼”探空到“墨子”传信，从北斗组网到神威超算，从量子、干细胞研究深入“无人区”，到“中国路”“中国桥”“中国核电”不断“走出去”，从5G商用全面推进到新冠疫苗加速研制……一批重大科技创新成果喷涌而出，广大科技工作者凝聚了全面建设社会主义现代化国家新征程的磅礴力量。习近平总书记在中央人才工作会议上指出，我国已经拥有一支规模宏大、素质优良、结构不断优化、作用日益突出的人才队伍，我国人才工作站在一个新的历史起点上。新时代开展人才工作，搞清楚科技工作者群体总量是亟待解决的问题。

科技工作者总量是描述科技工作者群体整体情况的重要指标，直接反映了我国科技界整体竞争力。综合国力竞争说到底是人才竞争。人才资源是我国在激烈的国际竞争中的重要力量和显著优势。科技工作者的总量，直接反映了这一群体的规模，以及所蕴含的科技创新潜能，只有庞大的群体数量，才有可能适应各领域科学技术快速发展的需求，才有可能持续形成人才红利。

掌握科技工作者总量，是党和国家更好制定人才政策的重要依据。我国人才工作发展目标是，到2035年形成在诸多领域人才竞争比较，国家战略科技力量和高水平人才队伍位居世界前列，建成人才强国。只有摸清科技工作者底数，才能动态了解和掌握各科技岗位上的人才发展状况，才能知道距离2035年目标奋斗的差距有多少，才能更有针对性地制定和实施人才政策，加强人才工作顶层设计，优化人才管理和配置。

掌握科技工作者总量，是加快建设世界重要人才中心和创新高地的需要。2021年中央人才工作会议提出的目标是，到2025年，全社会研发经费投入大幅增长，科技创新主力军队伍建设取得重要进展，顶尖科学家集聚水平明显提高，人才自主培养能力不断增强，在关键核心技术领域拥有一大批战略科技人才、一流科技领军人才和创新团队；到2030年，适应高质量发展的人才制度体系基本形成，创新人才自主培养能力显著提升，对世界优秀人才的吸引力明显增强，在主要科技领域有一批领跑者，在新兴前沿交叉领域有一批开拓者；到2035年，形成我国在诸多领域人才竞争比较优势，国家战略科技力量和高水平人才队伍位居世界前列。为了实现这一目标，需要摸清家底现状，了解科技人才需求和缺口，进而有针对性地培养和引进人才。

掌握科技工作者总量，是更好培养各类人才的基础。中央人才工作会上提出，要大力培养使用战略科学家，坚持实践标准，在国家重大科技任务担纲领衔者中发现具有深厚科学素养、长期奋战在科研第一线，视野开阔，前瞻性判断力、跨学科理解能力、大兵团作战组织领导能力强的科学家。要坚持长远眼光，有意识地发现和培养更多具有战略科学家潜质的高层次复合型人才，形成战略科学家成长梯队。要打造大批一流科技领军人才和创新团队，发挥国家实验室、国家科研机构、高水平研究型大学、科技领军企业的国家队作用，围绕国家重点领域、重点产业，组织产学研协同攻关。要造就规模宏大的青年科技人才队伍，把培育国家战略人才力量的政策重心放在青年科技人才上，支持青年人才挑大梁、当主角。要培养大批卓越工程师，努力建设一支爱党报国、敬业奉献、具有突出技术创新能力、善于解决复杂工程问题的工程师队伍。只有掌握了科技工作者总量和结构现状，才能更好地制定切实可行的人才培养政策计划。

掌握科技工作者总量，是中国科协组织更好开展工作的重要前提。我国科技工作者是实现科技发展、科学进步、加快建设创新型国家的中坚力量，是中国科协服务和紧密团结的对象。要想引导科技工作者强化使命担当，增强服务“国之大者”的责任感、使命感，首先需要知道科技工作者有多少、在哪里，才能够完善“联系广泛、服务科技工作者”的科协工作体系，才能够想尽办法大力弘扬科学家精神，激发科技工作者创新创造活力，以高水平创新人才支撑保障高水平科技自立自强。对比工会、共青团、妇联等群团组织发现，只有清晰界定联系服务对象的定义，才有可能摸清联系服务对象的大致数量和基本情况，增强群体认同感。

掌握科技工作者总量，是更好凝聚科技界信心，增强科技工作者群体认同和使命担当的重要抓手。截至 2021 年 6 月，中国共产党党员总数为 9 514.8 万名。截至 2018 年年底，全国工会会员总数为 3.0 亿人。截至 2017 年年底，全国共青团员总数为 8 124.6 万名。党和各大人民团体用准确的数字清晰地透露出信号：我们是一个有组织、有力量、有共同奋斗目标的群体。我国科技工作者群体规模庞大，同样需要有这样准确的数字来彰显我们的力量。

掌握科技工作者总量,是坚持党管人才原则的重要体现。办好中国的事情,关键在党,关键在人,关键在人才。党管人才是人才工作的重要原则。2003 年 12 月,中央召开全国人才工作会议,出台了《关于进一步加强人才工作的决定》,正式确立了党管人才原则。2010 年 5 月,中央召开全国人才工作会议,颁布实施国家人才发展规划,进一步强调坚持党管人才原则。掌握了科技工作者的总量规模,有利于党全面摸清科技工作者群体状况。

目前我国科技工作者的总量规模等基础性问题没有明确数据或参考资料,我国科技工作者总量到底有多少,在学界、政界都还没有明确、公认的答案。搞清楚科技工作者底数,其困难在于没有明确的科技工作者统计学定义,导致群体范围界限模糊,很难通过现有的统计途径和调查方法获取有关数据。因此,有必要开展科技工作者总量测算的相关研究,力争早日解决困扰各界的科技工作者总量不清问题。

第二节　科技工作者的概念界定

明确科技工作者的界定和范畴,是测算科技工作者群体总量规模情况的基础。长期以来,科技工作者这一概念在各种场合得以使用。本节结合科技工作者定义的历史来源和已有研究成果,提出本书使用的科技工作者的概念界定。

一、科技工作者定义的来源

随着科技在社会发展和经济建设中发挥越来越重要的作用，科技工作者这一名词在党和国家有关法律、文件以及各种媒体上出现的频率越来越高。① 2016 年 5 月 30 日，全国科技创新大会、两院院士大会、中国科协第九次全国代表大会(也称为“科技三会”)在北京隆重召开，习近平总书记发表重要讲话，发出向世界科技强国进军的号召。“科技三会”在全社会引起强烈反响，树立了我国科技发展史上一座新的里程碑。2016 年 11 月，国函〔2016〕194 号文件明确提出，同意自 2017 年起，将每年 5 月 30 日设立为“全国科技工作者日”。“全国科技工作者日”的设立，旨在鼓励广大科技工作者牢记使命责任，切实担负起支撑发展的第一资源作用，紧紧围绕党和国家的中心任务，瞄准建设世界科技强国的宏伟目标，创新报国，引领发展。科技工作者这一名词越来越成为社会经济生活中被广泛使用的词汇。

科技工作者是我国特有的概念，也是一个具有较强政治含义的概念，在中华人民共和国成立后的中央文件中被广泛使用，意指所有从事科技工作的人员。② 根据已有研究考证③，最早明确提出“科技工作者”概念并运用于实践的是中国共产党领导下的延安解放区。延安解放区提倡职业平等，认为科学技术工作是现代社会的一项重要工作，

---

① 彦文.论科技工作者之定义[J].科协论坛，2003，18(5)：7－9.

② 林喜庆.“科技人力资源”定义及其相关概念辨析[J].当代经济，2015(4)：126－128.

③ 何国祥.科技工作者的界定及内涵[J].科技导报，2008，26(12)：96－97.

科技工作者与文艺工作者、法律工作者及行政管理工作者一样，在权利、义务、个人发展等方面应有同等社会地位。陕甘宁边区于1940年成立自然科学研究会，开展了一系列与科学、技术相关的活动；1949年中华人民共和国成立后，在提倡社会公平、形成各类职业一律平等观念方面有很大突破。在此过程中，“科学工作”“技术工作”“科学技术工作者”逐渐成为常用名词。1949年6月“中华全国自然科学工作者代表会议”筹备会召开；1958年9月，全国科联副主席侯德榜在中国科协第一次全国代表大会①上作了《关于科联会务的报告》，报告中首次明确使用“科学技术工作者”这一概念；中国科学技术协会章程明确规定中国科学技术协会是中国共产党领导下的科学技术工作者的群众，使“科学技术工作者(科技工作者)”成为官方规范用语。

二、本书对科技工作者的定义

研究并旗帜鲜明地提出科技工作者的定义，一是有利于各级科协组织开展分类联系服务工作，在联系服务过程中摸清科技工作者群体底数；二是有利于形成科技工作者群体的群体认同，形成集中力量办大事的合力，营造中国科技界自立自强氛围；三是有利于在国际上明确中国科技界形象定位，消除分歧和误解，促进合作共赢。

---

① 1958年，全国科联(中华全国自然科学专门学会联合会)和全国科普(中华全国科学技术普及协会)根据社会主义建设事业对科技团体和科学技术发展的要求，向中共中央建议将全国科联和全国科普合并为一个组织，随后中共中央同意了这一建议，并批准召开“全国科联和全国科普全国代表大会”，大会决议将此次大会作为“中华人民共和国科学技术协会第一次全国代表大会”。

本书延续使用《科技工作者职业类型研究》①中对科技工作者的定义，认为科技工作者是指以从事科学知识和技术技能的生产、传播、扩散、应用及相关服务为职业的劳动者，是我国人才队伍的重要组成部分。科技工作者应具有以下特征：一是科技工作者在其日常工作中，应以具备现代科技知识和职业技能为基础，这是科技工作者区别于其他职业劳动者的重要外在表现；二是科技工作者是一个职业概念，所从事的职业须同时满足工作时间占80%以上且为主要收入来源两个条件。随着科技经济社会发展，不断有新职业涌现，凡符合上述两个条件的新职业类型都应纳入科技工作者的职业范围；三是本定义中的科学知识是指对自然、社会和人类自身发展规律的系统性认识理解。技术技能指运用已有知识经验制造产品、信息、服务的系统性行动方式；四是本定义中的生产指从无到有的创造过程，传播指在不同主体间有指向性的信息传递，扩散指不同主体间无指向性的信息传递，应用指将科学知识或技术技能投入实际生产生活过程，服务指以提高科学知识或技术技能生产、传播、扩散、应用效率或效益为目的而开展的计划、组织、联络、协调、控制等活动。②

第三节　科技工作者职业类型研究基础

科技工作者作为一种职业，活跃在社会生活的各个领域。对科技

① 周大亚，蔡学军. 科技工作者职业类型研究[M]. 北京：清华大学出版社，2020.

② 周大亚. 我国科技工作者的职业类型及基本特点[J]. 今日科苑，2020(6)：28－30.

工作者的认识最终离不开职业这一属性，这也是对科技工作者群体进一步认识的基础。

一、科技工作者职业分类的理论与实践①

职业是从业人员为获取主要生活来源所从事的社会工作类别，具有目的性、社会性、技术性、稳定性与规范性。科技工作者职业分类是从职业角度出发测算科技工作者总量与结构情况的基础。《科技工作者职业类型研究》已经详细讨论了人力资本理论、人才发展理论对于科技工作者职业分类的作用和贡献，认为专业化的人力资本理论为深入理解和把握科技工作者内涵和外延提供了有益的视角：区别于其他社会职业群体，科技工作者是具有专业化人力资本的职业群体；科技工作者专业化人力资本积累可以通过正规教育和非正规教育（学历）获得，也可以通过干中学（资历）获得；科技工作者是促进经济增长和创新驱动发展的主力军。人才发展的理论和实践创新，为在科技工作者职业分类工作中树立正确的人才观，进一步打破人才发展中的身份、学历、资历等壁垒提供了理论指导和政策依据。

在充分认识科技工作者职业这一概念的基础上，以科技工作者定义为基础，依据《大典》，按照科技活动（或功能）范畴，遵循知识领域同一性、工作性质同一性、专业技术和技能水平同一性原则，对科技工作者职业进行系统标识和归类，以此建立科技工作者职业类型体系。研

① 周大亚，蔡学军. 科技工作者职业类型研究[M]. 北京：清华大学出版社，2020.

究以《大典》为基础，结合 2019 年新增职业类型，对我国科技工作者职业类型进行逐一甄别。

二、科技工作者职业分类的研究成果

根据研究，当前我国科技工作者职业共分为“专业技术人员中的科技工作者”“技术技能人员中的科技工作者”“社会生产生活服务人员中的科技工作者”和“军人中的科技工作者”等 4 个大类。“专业技术人员中的科技工作者”对应《大典》中的“专业技术人员”（第二大类），即从事科学研究、工程技术、农业技术、飞机和船舶技术、卫生专业技术、教学的人员，包含 320 个科技工作者职业。“技术技能人员中的科技工作者”对应《大典》中的“农、林、牧、渔业生产及辅助人员”（第 5 大类）和“生产制造及有关人员”（第 6 大类）两个大类，即从事农、林、牧、渔生产和设备制造、矿产开采、工程施工和运输设备操作等工作的人员，包含 273 个科技工作者职业。“社会生产生活服务人员中的科技工作者”对应《大典》中的“社会生产服务和生活服务人员”（第 4 大类），即从事信息传输、软件和信息技术服务、健康服务、生态保护、技术辅助服务等工作的人员，包含 83 个科技工作者职业。按职业分类惯例，将“军人中的科技工作者”单列。

由此，我国科技工作者职业类型共有 4 个大类、27 个中类、187 个小类、677 个职业。显然，这样的职业类型及结构特点不是静态的，会随着现代科技进步和人们生产生活就业方式的变革而不断调整演进。

本书正是基于上述研究的深化与发展，期望基于科技工作者职业类型研究的成果，采用多种调查统计方法，测算我国科技工作者的规模与结构状况。

本章小结

科技工作者概念的提出已有60余年的历史，已从最初的政策表述发展成为受到学术界和社会各界关注的学术名词。作为社会职业的一种，科技工作者是科技创新体系建设的重要一环，也是我国建设世界科技强国的重要力量。把握科技工作者的基本情况，不仅是学术界亟须解决的问题，也是有关决策者希望了解的命题之一。因此，探索科技工作者的测算方法，摸清科技工作者底数，是一项重要且艰巨的任务。

科技工作者职业分类为测算科技工作者总量与结构情况提供了良好的理论和实践基础。结合科技工作者自身特点，对标《大典》，从职业类型角度对我国科技工作者进行甄别，随着现代科技进步和人们生产生活就业方式的变革，我国科技工作者职业类型会不断调整演进。

通过各种努力探索科技工作者总量和结构的科学测算方法，摸清科技工作者的基本情况，将为我国加快建设世界重要人才中心和创新高地，实现高水平自立自强提供基础性参考数据，是培养好各级各类人才、制定好各项人才政策的重要依据，有利于凝聚科技界信心，推动科协组织发挥好桥梁纽带作用，也是科协组织义不容辞的责任。

第二章

文献综述

作为一个具有政策含义的学术概念，科技工作者不仅受到学术界的关注，也是科技界所关注的对象之一。测算其规模结构，是了解科技工作者群体的基础性工作，已有研究在理论和方法上的探索为进一步做好这项工作提供了有益思路和帮助。

第一节　研究理论综述

本节梳理有关研究成果，主要从概念、测算思路、研究方法等方面入手了解科技工作者测算的有关理论及成果。

一、相关概念及测算结果

与科技工作者概念相关的人才概念很多，如科技人力资源、研发(Research & Development，R&D)人员、专业技术人员等都有统计数据，对于测算科技工作者总量有一定的借鉴意义。其他还有如科技活动人员、科学家与工程师等指标，也曾有过公开的数据，但近年来已不再能查到相关统计资料。

1. 科技人力资源

科技人力资源是指实际从事或有潜力从事系统性科学和技术知识的产生、促进、传播和应用活动的人力资源。对这一概念统计的标准和规范最初来源于1995年经济合作与发展组织(Organization for Economic Co-operation and Development, OECD)和欧盟联合发布的《科技人力资源手册》(即《堪培拉手册》)。科技人力资源既是一个统计概念,也有政策含义,因此得到世界各国学术界和社会的广泛关注。科技人力资源除了具有可测度和国际可比的特征以外,还有很强的包容性,即这一概念不仅包括在科技领域工作的就业人员还包括有潜力从事科技工作的人员,既包括现在已经投入科技领域工作的人员,也包括今后可能投入科技活动的人力资源,即有能力或有资格从事科技活动(或科技职业)但现在没有从事科技活动(或科技职业)的人力资源。

21世纪初,科技人力资源的概念引入中国,中国科协长期组织研究团队对科技人力资源开展研究,并对我国科技人力资源总量和结构情况进行测算跟踪。按照定义,我国科技人力资源总量一般通过两部分人数之和①进行计算:一是获得大专及以上科技领域学历的毕业生,二是不具备上述资格但在科技岗位工作的就业人员。基于当前我国现实情况和数据可获得性,一般将"不具备上述资格但在科技岗位工作的就业人员"简化为乡村医生和卫生员、技师和高级技师②。科

---

① 中国科学技术协会调研宣传部,中国科学技术协会发展研究中心. 中国科技人力资源发展研究报告[M]. 北京:中国科学技术出版社,2008.

② 研究最初"不具备上述资格但在科技岗位工作的就业人员"只包括"技师和高级技师"。后经进一步研究,自《中国科技人力资源发展研究报告(2012)》起,将"乡村医生和卫生员"也纳入其中。

技人力资源测算的数据来源主要是《中国教育统计年鉴》《中国卫生健康统计年鉴》和《人力资源和社会保障事业发展统计公报》等。

根据中国科协的研究成果，我国科技人力资源总量持续增加，已从 2005 年的 4 252 万人增长到 2020 年的 11 234.1 万人，15 年间增长了 1.6 倍（见图 2－1）①。数量庞大的科技人力资源，使我国长期保持世界科技人力资源第一大国的地位，也是我国实现高水平科技自立自强的重要基础。

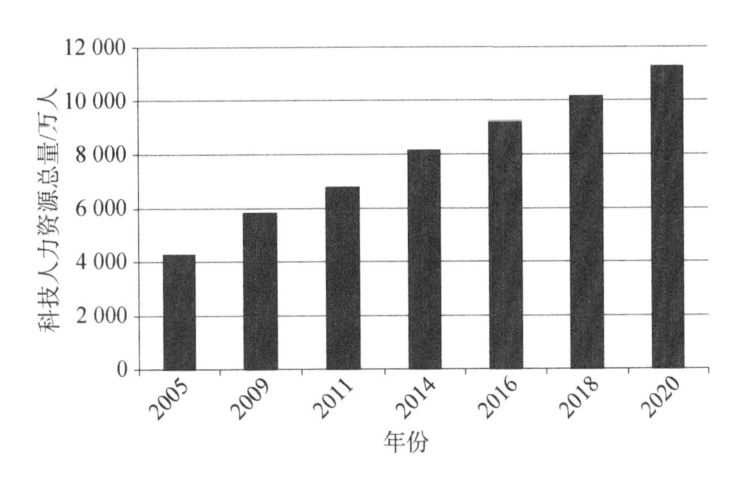

图 2－1 我国科技人力资源总量变化情况(2005—2020 年)

数据来源：历年《中国科技人力资源发展研究报告》

2. R&D 人员

根据《研究与试验发展（R&D）投入统计规范（试行）》（国统字

① 黄园淅. 我国科技人力资源发展的特点与趋势分析[R]//余兴安主编. 中国人力资源发展报告(2020)，北京：2022.

〔2019〕47 号),R&D 人员指在报告期 R&D 活动单位中从事基础研究、应用研究和试验发展活动的人员。包括:直接参加上述三类 R&D 活动的人员;与上述三类 R&D 活动相关的管理人员和直接服务人员,即直接为 R&D 活动提供资料文献、材料供应、设备维护等服务的人员。不包括为 R&D 活动提供间接服务的人员,如餐饮服务、安保人员等。R&D 人员按工作性质划分为研究人员、技术人员和辅助人员。研究人员是指从事新知识、新产品、新工艺、新方法、新系统的构想或创造的专业人员及 R&D 项目(课题)主要负责人员和 R&D 机构的高级管理人员。研究人员一般应具备中级及以上职称或博士学位。从事 R&D 活动的博士研究生应被视作研究人员。技术人员是指在研究人员指导下从事 R&D 活动的技术工作人员。辅助人员是指参加 R&D 活动或直接协助 R&D 活动的技工、文秘和办事人员等。

R&D 人员是参与科技活动人员最核心的组成部分,通常用 R&D 人员和 R&D 经费的数量和质量作为测量国家(或地区)科技实力和技术创新能力国际(或地区)比较的主要指标。在中国科技统计中,R&D 人员这一指标与科技工作者统计相关性最强,但一方面由 R&D 人员定义所决定,其统计范围无法覆盖科技工作者的全部范围;另一方面,国际上通常使用 R&D 人员全时当量(Full Time Equivalent, FTE)反映研发人员数量和活动情况①,也是国际上通用的、用于比较科技人力投入的指标。在实际工作中,R&D 人员的直接统计数据难

① 姜柏彤,蒋玉宏.我国科技人才区域分布特征与变化趋势——基于 R&D 人员数据分析[J].中国科技人才,2021(5):22-30.

以获得。

根据《中国科技统计年鉴》,2010 年到 2021 年我国 R&D 人员全时当量呈明显增长态势。2010 年,全国 R&D 人员全时当量为 255.4 万人年,到 2021 年已经增长到 571.6 万人年,翻了一番还多(见图 2-2)。

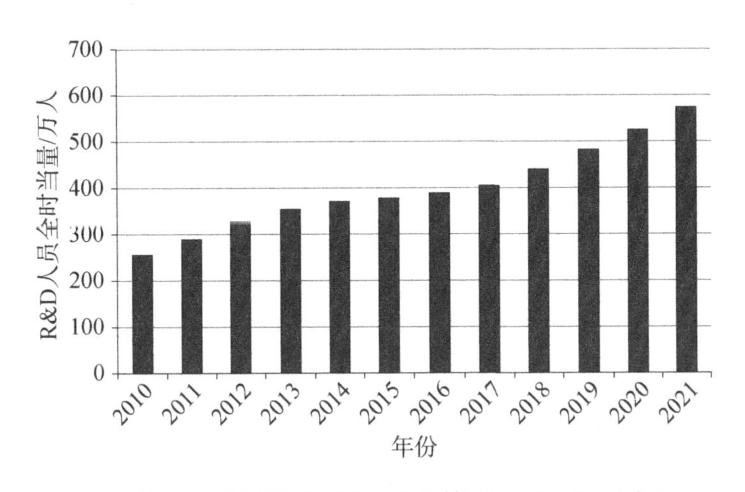

图 2-2　我国 R&D 人员全时当量情况(2010—2021 年)

数据来源:《中国统计年鉴》

3. 专业技术人员

专业技术人员,简称专技人员,泛指从事专业技术工作的人员以及从事专业技术管理工作的人员,包括国家认可的且取得相应技术资格证书的人员,在企业、事业单位中从事专业技术工作并被聘任到专业技术岗位的人员,以及未聘任专业技术职务但现在在专业技术岗位上工作的人员。专业技术人员一般都接受过系统的专业教育,具备相应的专业理论知识，并且按规定的标准条件评聘专业技术职务。在《大典》[①]中，专业技术人员包括科学研究人员，工程技术人员，农业技术人员，飞机和船舶技术人员，卫生专业技术人员，经济和金融专业人员，法律、社会和宗教专业人员，教学人员，文学艺术、体育专业人员，新闻出版、文化专业人员，其他专业技术人员。专业技术人员的统计鉴别标准为事业单位和企业单位的在岗(就业)人员是否具有中专及以上学历或取得初级及以上专业技术职称(任职资格)，以人数为量纲[②]。

作为一项由中组部和原人事部从1952年开始统计的连续性、系统性指标，专业技术人员曾经是整体上反映我国人才资源状况的重要指标之一。但从国际可比性方面来看，专业技术人员与“科技活动人员”和“R&D人员”等指标相比还有所欠缺；从与科技工作者这一概念的关系来看，由于专业技术人员队伍中有大量不属于科技工作者，这一统计指标还不能完全体现科技工作者队伍的总体特征。在实际统计数据中，国家统计数据针对专业技术人员统计的连续数据主要来自公有经济企事业单位专业技术人员，但这一数据也从2018年开始未查询到公开发布的有关信息。

根据现有统计数据，2005年以来，我国公有经济企事业单位专业技术人员数量呈现增长趋势。2005年为2756.73万人，到2009年增长到2887.96万人，在2010年有所下降后继续增长，2013年突破3000万人，到2017年达到3148.52万人(见图2-3)。

---

① 国家职业分类大典修订工作委员会.中华人民共和国职业分类大典[Z].中国人事出版社，2015.

② 周大亚，蔡学军.科技工作者职业类型研究[M].清华大学出版社，北京：2020.

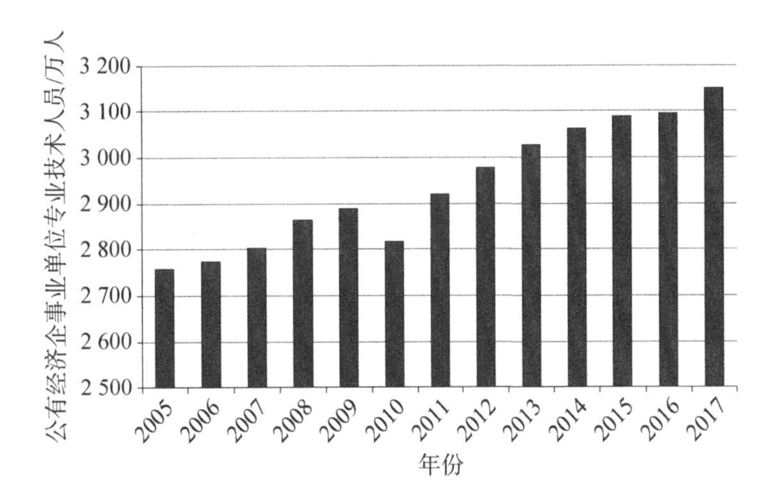

图 2-3　公有经济企事业单位专业技术人员情况

数据来源:《中国科技统计年鉴 2017》

4. 大专及以上学历人口

除以上三项相关指标外,相对系统统计的数据中,大专及以上就业人口、全部人口中具有大专及以上受教育程度人员等也是可以作为参考的统计指标。

根据近三次全国人口普查数据,2000 年以来,我国大专学历以上人口和就业人口中大专学历以上人口数均持续增长。2000 年全部人口中大专以上人口数为 4 400 多万人,占全部人口的 3.54%,2010 年这一数据增长到 1.18 亿人,占比达到 8.88%,2020 年则增长到 1.5 亿人,占比超过 10%。就业人口中大专以上学历人口也呈现增长趋势,2000 年为 3 282 万人,2010 年为 7 528 万人,到 2020 年增长到 16 145 万人(见图 2-4)。

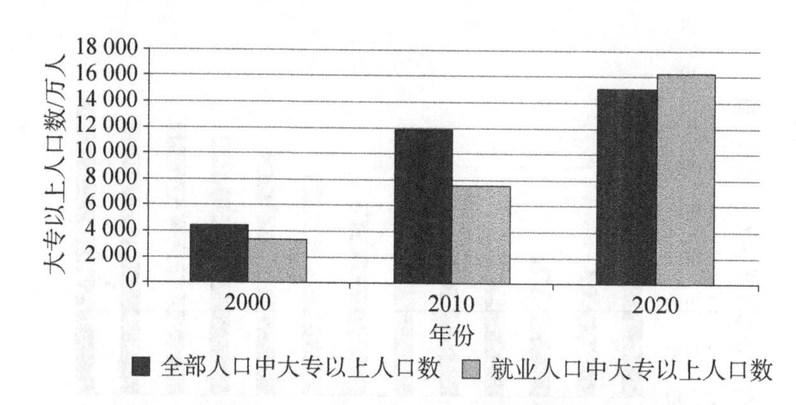

图 2-4　全部人口中大专以上人口数和就业人口中大专以上人口数(2000 年、2010 年、2020 年)①

数据来源:全国第五次、第六次、第七次人口普查数据

二、测算思路

科技工作者的测算是一项独立的研究工作,也是人才统计的一部分。无论是人才统计还是科技工作者的统计工作,都是为宏观分析和决策服务的。

我国人才统计工作自 20 世纪 70 年代末以来,一直在进行。人才统计可以为社会和公众提供人才工作领域必要的公共信息服务与公共信息产品,引导用人单位和人才自身科学、合理和有效地参与人才市场竞争,促使人才市场趋于完善、公开和透明。② 作为人才工作的重要组成部分,人才统计工作也得到了学术界的关注。长期以来,很

① 就业人口中大专以上人口数根据 10%抽样数据计算。

② 余仲华. 关于人才统计及其指标界定问题探析[J]. 中国卫生人才,2017(5):14-17.

多机构和学者在人才统计方面做了很多有意义的实践工作，人才统计的思路主要通过职称学历和按队伍分类统计这两种方式。

按学历职称统计可追溯至1982年《国务院批转国家计划委员会关于制定长远规划工作安排的通知》(国发[1982]149号)中对“专门人才”确定的统计标准，即学历、职称两条标准：一是具有中专及以上学历者；二是具有技术员和相当于技术员及其以上专业技术职务任职资格者。① 这种统计标准虽然局限性很大，有很多争议，但易于统计操作。实际上，后来各地人才统计指标虽然有所调整或扩充，但学历和技术职务(或职称)仍然是重要的衡量指标或不可或缺的统计指标。② 按队伍分类统计主要依据岗位、职称或技能等级标准来划定人才资源统计范围。作为一个统计指标，“人才资源总量”的具体统计范围和口径从党政人才、企业经营管理人才和专业技术人才“三支队伍”，又增加了“高技能人才和农村实用人才队伍”(简称“三支两类”)，到2010年在“三支两类”的基础上，又增加了社会工作人才队伍，共六支人才队伍。③ 这种统计思路造成人才统计工作中存在以下几方面的问题，主要包括：一是学历职称统计的弊端一直存在，主要是把具有中专以上学历和初级以上职称的人统计为人才。对于既无学历又无文凭也无职称但业绩突出的人没有作为人才统计；二是对非公有制经济领域的人才和社会工作人才没有纳入统计范围；三是对企业经营管理人才和农村实用人才缺乏具体的统计标准；四是人才统计工作部门

① 朱学义. 当代人才理论总数——创新人才论[J]. 未来与发展，2012(10)：103-106.

② 余仲华. 关于人才统计及其指标界定问题探析[J]. 中国卫生人才，2017(5)：14-17.

③ 上海市公共行政与人力资源研究所课题组. 人才统计制度改革研究——对中国人才统计制度改革的全面考察[J]. 人事天地，2017(4)：10-13.

职责不清，分工模糊。①

实际上，科技工作者测算统计的研究成果不多，在测算思路方面与人才统计的思路相似，主要采用按学历职称统计和按队伍分类的思路，其中按队伍分类统计是比较常见的做法。例如，将工程技术人员、农业技术人员、卫生技术人员、科学研究人员和教学人员五类队伍作为科技工作者统计对象是常见且通用的，这种做法在 1960 年国家对自然科技人员调查统计②时开始使用，中国科协从 2003 年起组织开展全国科技工作者状况面上调查时也一直使用这种分类。不同的地方在于全国科技工作者状况面上调查不涉及全国科技工作者总量的测算，主要通过界定科技工作者群体，依托科技工作者站点开展抽样调查工作，旨在掌握我国科技工作者队伍发展情况，反映科技工作者在职业发展、科研活动、生活待遇、社会参与等方面的变化，并对科技工作者队伍状况进行历史比较和群际比较，为国家制定人才政策提供重要参考。目前已完成了五次抽样调查。有关学者③④通过更加细致地界定科技工作者队伍组成，对科技工作者群体进行总量与结构的测算，如将科技工作者分为四类队伍，即第一类为科技工作者的主体，是科技工作者中最重要的部分，包括科学研究人员、工程技术人员、农业技术人员、卫生技术人员和科技类专技任教师；第二类为具有高级职称的经济和法律

---

① 李名志，汪玲. 充分发挥人才统计在实施人才战略中的基石作用[J]. 人才资源开发，2009(1)：26.

② 这次调查中，农业技术人员使用的是农林业技术人员。

③ 何国祥等. 百年历程——中国科技工作者群体的起源与成长[M]. 北京：科学出版社，2017.

④ 刘薇. 新中国成立以来科技工作者队伍的发展[J]. 科技导报，2019，37(18)：70 - 82.

类人员，包括高级经济师、高级会计师、高级统计师、一二级律师公证员；第三类是辅助科技工作的人员，包括科技管理和服务人员、专职科普活动人员；第四类是不具有高等教育学历但从事科技工作的技能型人才，包括高技能人才和乡村医生。利用这四类人群分类对中华人民共和国成立以来每个历史阶段科技工作者的数量和结构进行了分析，结果表明，1949 年科技工作者的数量是 26 万，到 2016 年数量达到 5 282 万。

兼顾学历职称统计的是 1978 年开展的“全国科学技术人员情况普查”，这是党中央和国务院责成国家科委会同国家计委、民政部、国家统计局联合组织，也是我国首次进行的科技人员普查，摸清了我国自然科学与技术领域科技人员的基本情况。这次普查的对象将学历职称纳入考虑，主要包括三部分人员：一是从事理工农医等自然科学方面的生产（事业）、科学研究和教学工作的科技人员；二是取得科技人员职称或大学、大专、中专、理工农医各科、系毕业，从事科研、生产、教学等技术管理工作的人员；三是取得技术职称或大学、中专理工农医各科、系毕业，但未从事科学技术工作的人员。

除此之外，还有通过抽样调查方法和各地区有关调查统计的相关研究成果。1987 年 11 月，国家科委科干局采取分层随机抽样方法，在全国 1 003 万专业技术人员中，对 3.4 万名专业技术人员进行了问卷调查。这种规模的抽样调查，为中华人民共和国成立以来所罕见。此项工作经过专家论证，认为方法合理，数据置信度高。调查成果已发表在《中国人才》1988 年第 7 期上。[①] 在中国科协科技工作者调查工

① 俞宗尧. 十年来我国人才统计的实践和新趋势[J]. 统计研究，1990(2)：66 - 69.

作的引领下，诸多省区①②开展了相关的调查工作，也涌现了一大批基于科技工作者调查的研究成果③④⑤⑥。遗憾的是，有关科技工作者总量与结构测算的调查统计成果还十分缺乏，实际应用中多以其他相关指标代替科技工作者指标来反映当地科技工作者队伍的规模结构情况，如江西省用2019年R&D人员情况作为科技工作者状况中人才规模情况的描述数据⑦，重庆市第二次科技工作者状况调查中将利用科技人力资源测算方法得到的数据作为重庆市科技工作者总量规模的分析基础⑧。

三、测算方法的改进

在完善人才统计的思路与方法方面，主要有两方面的建议，一是在统计标准上，上海市公共行政与人力资源研究所课题组在分析我国

---

① 江希和，张戌凡. 科技工作者状况分析及对策建议——基于江苏省科技工作者调查[J]. 科技管理研究，2017(24)：50-60.

② 魏建国，Chamil W Senarathne，梁方瑞. 武汉市科技工作者健康状况调研[J]. 科技创业月刊，2019. 58-60.

③ 薛姝，何光喜，赵延东. 我国科技工作者参与科普活动的现状与障碍——基于第二次全国科技工作者状况调查数据[J]. 中国科技论坛，2012(1)：126-130.

④ 于巧玲，邓大胜，史慧. 女性科技工作者现状分析——基于第四次全国科技工作者状况调查数据[J]. 今日科苑，2018(12)：87-91.

⑤ 赵延东，石长慧，徐莹莹，黄造玉. 科技工作者职业倦怠的变化趋势及其组织环境影响因素分析[J]. 科学与社会，2020，10(1)：62-75.

⑥ 李慷，张明妍，于巧玲，邓大胜，史慧. 全国科技工作者状况调查研究分析[J]. 今日科苑，2018(11)：72-77.

⑦ 杨兴峰，王怿超，邹慧. 江西省科技工作者状况分析[J]. 科技中国，2022(1)：79-84.

⑧ 秦定龙，邱磊，向文，刘兰，张欣，张雨竹. 第二次重庆市科技工作者状况调查报告分析[J]. 今日科苑，2021(9)：47-59.

人才统计工作中存在的主要问题的基础上，提出从“队伍统计”走向“职业统计”，即应以“职业大典”为主要依据，突破现行“队伍”统计边界，构建以“职业与资格”相结合的人才统计新构架，全面实现从“队伍统计”向“职业统计”转变。[①] 另一方面，就是在测算方法的选择上，提出使用调查、大数据等方式。黄园淅[②]在对比分析中美两国有关科技人才相关统计数据角度、口径和方法的基础上提出我国科技人才有关统计也可考虑将调查方法引入数据统计中。上海市公共行政与人力资源研究所课题组建议在统计调查板块，利用大数据技术建立一个“以职业分类为基础、同时给出最低资格标准”的人才统计调查体系。[③]

同时，也有学者针对指标设计方面提出建议。在指标的设置上，应以从业岗位为划分标准，力求体现人才的品德、知识、能力、业绩，全面反映一个地方人才的数量、质量、分布、结构，统计范围覆盖全社会各类别、各层次人才。[④] 在统计标准方面，余仲华[⑤]提出人才统计工作应依据学术标准和使用标准，建立符合统计实际需要的、可操作的和具有导向性的统计标准。

---

① 上海市公共行政与人力资源研究所课题组．人才统计：从“队伍统计”走向“职业统计”[J]．中国人才，2016(12)：40－41.

② 黄园淅．中美科技人才统计的对比分析[J]．科协论坛，2016(10)：46－47.

③ 上海市公共行政与人力资源研究所课题组．人才统计：从“队伍统计”走向“职业统计”[J]．中国人才，2016(12)：40－41.

④ 李名志，汪玲．充分发挥人才统计在实施人才战略中的基石作用[J]．人才资源开发，2009(1)：26.

⑤ 余仲华．关于人才统计及其指标界定问题探析[J]．中国卫生人才，2017(5)：14－17.

四、研究评述

作为人才统计中的重要组成部分,科技工作者统计也是学术界和政策界共同关注的问题。目前已有的关于科技工作者定量和定性的调查研究,为科技工作者总量测算提供了有力支撑。与人才统计面临的问题相似,科技工作者的测算也面临着统计定义不完善、统计标准不具体等问题,从而导致目前缺乏权威的研究成果,实际工作中使用到这一数据时往往利用其他相关指标替代。尤其是在对科技工作者与科技人力资源的定义、职业分类尚不明晰的情况下所得到的测算结果并不能准确反映科技工作者的总量规模。

从上述已有的相关指标统计数据可以看出,在科技工作者相关指标统计中,科技人力资源是国际可比概念,主要通过教育毕业生相关数据得到,但"潜在"科技人力资源尚不属于科技工作者;而 R&D 人员通过全时当量来测量,更多反映的是研发人员的科技活动情况,且 R&D 人员范围较小,更多代表的是科技工作者的最核心部分;专业技术人员由于在公有经济体中有明确的管理规则,能够得到可靠数据,但一方面专业技术人员包含 13 个类别,大量不属于科技工作者,另一方面,当前我国经济社会发展所带来的新经济业态,也促使科技工作者广泛分布在非公有制经济中,仅通过公有制经济的数据很难全面反映科技工作者的总体情况;大专以上人口相关统计数据权威且容易获得清晰边界,拥有大专及以上学历人员中也有相当一部分从事科技工作,但依然有很多不属于科技工作者。

上述几项指标的外延大于或小于科技工作者范畴，但由于与科技工作者定义有一定重合度，都可以在一定程度上说明科技工作者的一般情况，实际工作中也常常有学者以此作为我国科技工作者群体情况的分析基础。

作为科技工作者的群众组织，中国科协始终保持着对于科技工作者研究的持续热情，在 2003 年开始进行的历次科技工作者状况调查中，均选取专业技术人员统计中 17 个专业技术人员中的科学研究人员、工程技术人员、卫生技术人员、农业技术人员、教学人员五类专业技术人员作为科技工作者的替代统计指标。但利用这五类专业技术人员来表征科技工作者在统计口径方面也存在一定不足：一方面，专业技术人员统计数据往往仅限于国有企事业单位，但随着非公有制经济份额增大，这种统计口径已不再全面，与早期基本覆盖全社会统计口径范围的情况已大不相同；另一方面，所选的五类专业技术人员主要属于“自然科学及其工程技术”领域，而科技工作者的实际范围从理论上看要比这五类专业技术人员范围大。① 这也是通过队伍统计来测算科技工作者的总量与结构情况不可回避的问题。

实际上，科技工作者这一概念的产生最初是一个政策概念，转化为可测量的指标是有难度的。与上述已有统计数据的指标相比，科技工作者没有直接的统计数据，从政策术语到统计指标的转化需要更多途径。科技工作者尚无权威分类，目前已有的研究成果《科技工作者职业类型研究》，通过职业分类思想对科技工作者进行分类，通过对社

① 何国祥. 科技工作者的界定及内涵[J]. 科技导报，2008，26(12)：96 - 97.

会中的科技岗位进行严格定义和统计，可对科技工作者进行精确测定。但国际上目前对科学技术职业岗位的认识尚有分歧，有些国家和地区尚未对科技岗位进行严格界定，也未建立有关科技岗位的统计制度，导致职业分类的统计数据依然难以直接获得。因此，科技工作者的测算将是多种渠道、思路和方法共同作用的结果。

科技工作者归根结底是一个职业概念，按照人才统计开始转向"职业统计"的思路，科技工作者的测算也应从职业角度出发，充分利用职业分类的思想，采用多种统计调查方法，探索更加符合现实情况的研究思路。

第二节 研究方法综述

研究方法的正确选择是研究结果科学可靠的基础。科技工作者测算离不开统计调查手段，对相关方法进行分析比较，有利于选择更适合的方法开展研究与实践。

一、调查方法

统计调查是获取数据资料的一种重要手段，分为全面调查与非全面调查两类。其中，全面调查又称为普查。非全面调查又称为抽样调查，即从研究对象总体中抽取一部分单元作为样本进行观察，并根据观察结果来推断全体，以此来达到对全体目标量的了解。

1. 抽样调查

抽样调查是根据部分实际调查结果来推断总体标志总量的一种统计调查方法，是一种非全面调查，具有全面调查所不具备的快速、经济的特点。新中国成立后，我国开始开展抽样调查的试点工作，“文革”期间抽样调查被迫中断。改革开放以后，抽样调查又得到了快速的发展，1994 年以来我国抽样调查进入了一个新的历史发展时期，并确立了以抽样调查为主体的调查模式，此后抽样调查越来越受到重视。无论国家的宏观决策还是作为社会经济主体的投资者、生产者和消费者的微观管理，都需要大量及时、准确的信息，抽样调查成为信息采集的主流方式。进入 21 世纪，计算机技术的广泛应用对抽样调查起到了很大的推动作用，出现了更加高效的抽样技术。

抽样可以分为简单抽样和复杂抽样、等概率抽样和不等概率抽样。简单抽样是指抽样过程比较简单的抽样设计，如简单随机抽样、整群抽样等，一般最常采用的简单抽样方法是简单随机抽样。简单随机抽样也称纯随机抽样，指从总体 N 中任意抽取 n 个单位作为样本，每个样本单位被抽取的概率都是相等的，它是一种等概率抽样。当总体规模很大时，简单随机抽样在编制抽样框、控制样本成分比例等方面会遇到困难，导致调查不容易实施。复杂抽样（complex sampling）是指包含简单随机抽样、分层抽样、整群抽样等多种抽样方法的抽样方式。多阶段抽样是复杂抽样的一种形式，按照抽样元素的隶属关系或层次关系把抽样分为几个阶段进行，也就是说当总体中的每个单位本身规模很大，我们可以先在总体各单位中抽取样本单位，在抽中的初级单位中再抽取若干个第二级单位，直到从最后一级单位中抽取所要调查的基本单位的抽样组织形式。复杂抽样的抽样设计通常较复杂，经常包括分层、多阶段、不等概率等多种抽样方法，一般是将多种抽样方法进行组合，而且统计量也比较复杂，往往会包括比率估计、回归估计等非线性统计量，根据需要有时会对数据进行加权等调整。

等概率抽样设计有着相等的入样概率，能得到简单的估计量，但却不具有很高的代表性，与等概率抽样相比，不等概率抽样可以大大提高估计的精度，减少抽样误差，在现实中往往具有更高的效率。不等概率抽样指在抽取样本之前给总体的每一个单元赋予一定的被抽中概率。在国内外，关于不等概率抽样设计的研究比较丰富，布鲁尔和哈尼夫在 1983 年曾列举不等概率抽样的 50 多种方法，孙山泽和姜涛①介绍了一些不等概率连续抽样方案以及两个不同时间的 Des Raj 和 L. Kish 的处理方法，并对它进行了一些改进。顾莉洁②从方法上对几种不等概率抽样方法进行了比较，等等。考虑到中国社会有很大的地区差异，大型抽样调查经常会用到复杂抽样中的与单元规模大小成比例的概率抽样(probability proportional to Size, PPS)，如中国家庭追踪调查、中国家庭金融调查等。PPS 抽样是按照总体单元的规模大小来确定抽样单元每次的入样概率，实践中总体单元大小规模的估量也可以是员工数量、产值、利润等。在 PPS 抽样中，大单元的入样概率大，小单元的入样概率小。PPS 抽样的优点有：构造抽样框比较容易，便于组织抽样；可以使抽样方式更加灵活和多样化；能够提高估计

---

① 孙山泽，姜涛. PPS 样本的轮换抽样[J]. 数理统计与管理. 2002(4)：61 - 64.

② 顾莉洁. 不等概率抽样中若干方法的比较[D]. 苏州：苏州大学，2004.

精度;可以提高抽样的经济效益;可以为各级机构提供相应的信息。

2. 典型调查

典型调查是根据调查目的,在对研究对象总体进行全面分析的基础上,有意识地从中选取若干个总体单位进行系统周密调查研究的一种非全面调查,从而认识此类对象的本质特征和发展规律,找出具有普遍意义和有价值的经验和值得借鉴的教训。典型调查法的特点是:调查单位少,并且是调查者有意识选择出来的;调查内容具体细致,适用于对新情况、新问题的调研;调查所需时间短,反映情况快,能够获得比较系统的第一手资料,但是在选择典型单位时要注意其代表性,并不是任何事件主体都可以作为典型。选取典型单位必须在对经济社会现象或者调查目标深入研究的基础上,经过科学合理严密的论证与分析。将典型调查与全面调查结合起来,可以弥补全面调查的某些不足,验证全面调查数字的真实性。典型可以是单个的,也可以是整群的。典型调查的方法是多种多样的,如开调查会、个别访问、直接到现场观察、制发调查表填报等。

本书将在抽样调查的基础上,对抽样调查未覆盖到的职业小类采用典型调查法,选取合适的单位进行调查,从而推算各职业科技工作者的数量。

二、数据处理方法

1. 辅助信息

充分利用辅助信息是提高抽样精度和估计精度的有效手段。很多学者都明确提到使用辅助信息的重要性并对利用辅助信息开展估计测算，如王国明①利用辅助信息改进了固定样本量下的推算方法。经过20世纪后半期的发展，辅助信息的应用已经渗透到抽样理论的各个方面，例如在抽样设计阶段，可以利用某些辅助信息构建抽样框进行不等概率抽样或分层抽样；在抽样估计阶段可以利用辅助信息构建起的比率估计量和回归估计量得到总体总值或总体均值的估计量。在抽样的各个不同环节都可以利用关于总体的辅助信息，以此来提高估计的精度。我国的相关政府部门在日常管理中产生了大量的辅助信息，这些信息有着很大的利用空间。

辅助信息的范围很广，我们把抽样中可以利用的一切信息都纳入辅助信息的范畴。通常辅助信息的来源有很多，如普查资料，目前政府实施的各类普查数据都有公布，且涵盖类目较多，是可以重点应用的资料；抽样调查的前期资料，也是很好的辅助信息。有的抽样调查每隔一段时间就展开调查，会积累较为丰富的前期调查资料；其他还包括各级政府部门为管理所做的行政记录、各企事业单位为管理所做的生产经营和业务记录、利用科技手段获取辅助信息、通过二重或多重抽样获得的辅助信息，等等。

在实际调查操作中，会遇到很多可资利用的辅助信息，如何从大量信息中确定最适合的辅助信息，是在调查中必须解决的问题。在使用辅助信息时应当保证辅助信息的可靠性和时效性并且与研究变量整体保持相对稳定、存在高度相关，以提高估计精度，从而充分发挥辅

① 王国明，曾玉平．固定样本下使用辅助信息的一种高精度推算方法[J]．统计研究，1998(5)：5.

助信息的价值。当辅助信息很多时，要选择来源可靠性最强的数据。在科技工作者总量测算过程中要充分利用辅助信息来提高估计的精度。

2. 比率估计

在抽样估计阶段，利用已知的辅助变量信息构造比率估计量可以改进估计的精度。也就是说，对于给定的抽样设计，构造某种估计量使其能够充分利用辅助变量中的信息，从而减小估计量方差，提高估计精度。很多研究表明，恰当运用辅助信息，比率估计的精度将高于简单估计。具体而言，比率估计的方法就是建立辅助变量与研究变量之间的回归模型，运用此回归模型推导出估计量。辅助变量在估计量公式中起到关键作用，如果辅助变量与调查变量有较强的相关关系，那么比率估计将会大大提高估计精度。

比率估计即通过样本的比率来估计总体的比率，在有辅助变量信息的情况下，运用比率估计的方法可以提高估计量的精度和效率，一些学者对辅助变量和比率估计的结合作出了有意义的探索，如 Sisodia 等①、Singh 等②分别利用变异系数、峰度系数和偏度系数提出了比率估计的不同改进形式，乔松珊和张建军利用辅助变量的均值、偏度系

---

① Sisodia BVS, Dwivedi VK. A modified ratio estimator using coefficient of variation of auxiliary variable [J]. Journal Indian Society of Agricultural Statistics, 1981,33(1).

② Singh HP, Tailor R. Use of known correlation coefficient in estimating the finite population means [J]. Statistics in Transition, 2003,6(4).

数和中位数作为辅助信息，建立了均值的改进比率估计方法。①

运用比率法进行估计的原因通常有以下三点。第一，以何种单位编制抽样框决定了所要估计的变量的性质，因而也就决定了估计的方法。例如，要调查 100 个人的平均月收入，此时的抽样框单位为人，分母项数值 100 为常量，这属于均值估计。如果要调查 100 户家庭的人均月收入，抽样框单位为户，这属于比率估计。因此，是否采用比率估计，要看调查者以哪种单位编制抽样框；第二，充分运用现有数据。很多情况下只要算出样本比率即可推断出总体数值或均值。比率估计可以充分运用历史数据，发挥历史数据的作用，这并不会带来调查时间的延长，反而可以节约资源；第三，运用辅助变量可以提高估计精度，但需要保证变量之间有较高的相关关系。实际抽样中，估计量的精确度并非唯一的考虑。估计的可操作性、经济性也是重要的考虑因素。

具体测算过程中，科技工作者的职业中有多个已知的辅助变量，因而采用比率估计的方法对小类职业的人数进行估计，通过汇总得到中类、大类的职业人数。

3. 模型平均

模型平均法是统计学领域研究的前沿问题，它将不同模型的估计结果赋予一定的权重进行计算，从而得出一个新的结果。模型平均也叫组合预测，起源于 20 世纪 60 年代，由于预测方面表现出的良好性

① 乔松珊，张建军. 利用多辅助信息的比率估计方法与验证[J]. 统计与决策. 2018，34(12)：72－75.

质，现今被用于经济、金融、生物、医学等多个领域。模型平均最早由 Bates 和 Granger 提出①，他们对模型的预测结果进行加权平均进而改进预测结果；张新雨和邹国华提出②，模型平均避免了把鸡蛋放在同一个篮子里，通过组合多种模型而不轻易地排除任何模型可以有效地弥补模型选择过程中的不确定性，减少有用信息的遗失。将模型平均方法与比率估计方法相结合，可以有效地分析数据，并为预测问题提供有力的依据。

为何要采用模型平均法？因为过度复杂或简单的模型均可能使估计或者预测的方差偏大，单个的模型选择可能会存在不稳健、遗失有用信息、高风险和目标偏离的问题。因此，模型平均法应运而生。该方法可以组合多种模型而不会轻易地排除任何一个模型的结果，因此可以避免遗失有用信息。模型平均法提供了一种保障机制，避免了选择很差的模型。

模型平均法的发展主要沿着两个方向：贝叶斯模型平均（Bayesian model averaging，BMA）和频数模型平均（frequentist model averaging，FMA）。BMA 首先设定待组合模型的先验概率和各个模型中参数的先验分布，然后用经典的 BMA 方法进行统计推断。虽然 BMA 方法已经得到了一定发展，但是它仍然存在一些问题，例如如何确定各个模型的先验概率，因为不同的先验概率对 BMA 方法的结果影响较大；BMA 方法一般要求真实的模型包含在所考虑的候选模型

---

① Bates J M，Granger C W J. The combination of forecasts [J]. Journal of the Operational Research Society，1969，20(4)：451 - 468.

② 张新雨，邹国华. 模型平均方法及其在预测中的应用[J]. 统计研究. 2011，28(6)：97 - 102.

之中，然而在实际中，真实的模型一般会更加复杂。在 FMA 方法的研究中，对模型进行加权平均时，组合权重的选择是这种方法的关键问题，如何完全基于数据给出一个合理的权重是目前 FMA 方法研究的核心之一，这方面现已获得若干重要进展。

权重的选择方法包括基于信息准则的权重选择方法、基于 Mallows 准则的权重选择方法和基于 Jackknife 准则的权重选择方法。首先是基于信息准则的权重选择方法 AIC 和 BIC 是两种常用的信息准则。其次，是基于 Mallows 准则的权重选择方法，该方法由 Hansen 于 2007 年提出[①]，考虑组合嵌套模型，通过极小化 Mallows 准则来得到组合估计的权重。Wan，Zhang 和 Zou[②] 进一步将这种权重选择方法推广到一般情形。最后是基于 Jackknife 准则的权重选择方法。该方法是 Hansen 和 Racine 提出的，它是通过极小化 Jackknife 准则来得到组合估计的权重[③]。

模型平均方法为科技工作者总量测算提供了一个重要视角，当存在多个辅助变量时运用比率估计方法可以得到每一类职业的多个估计值，如果轻易地排除任何一个估计值，则会造成有用信息的遗失，因此本书借鉴模型平均思想，首先对多个估计值赋权，进而加总每一类职业的赋权结果得到科技工作者总量。

---

① Hansen B E. Least squares model averaging [J]. Econometrica, 2007, 75(4): 1175 - 1189.

② Wan A T K, Zhang X, Zou G. Least squares model averaging by Mallows criterion [J]. Journal of Econometrics, 2010, 156(2): 277 - 283.

③ Hansen B E, Racine J S. Jackknife model averaging [J]. Journal of Econometrics, 2012, 167(1): 38 - 46.

本章小结

了解科技工作者的总量规模与结构特征，是联系和服务广大科技工作者的基础性工作。科技工作者作为人才的重要组成部分，面临着与人才统计相似的问题，主要因为便于统计的科技工作者概念界定还不完善、统计标准不够具体等，导致目前我国尚没有权威的关于科技工作者测算的研究成果。本章通过综述科技工作者测算的有关理论方法，分析了当前科技工作者测算面临的难点和问题，并提出了相应的解决思路。

根据以往的研究成果，与科技工作者相关的指标主要有科技人力资源、R&D 人员、专业技术人员、大专及以上学历人员等，但由于这些指标概念的内涵和外延与科技工作者既有所重合又有所不同，这些指标相关统计数据无法反映科技工作者的全貌。由科技工作者自身特点所决定，科技工作者广泛分布于社会生产生活的各行各业，包括多种职业类型，但尚无可以直接获得的相关统计数据，因此科技工作者数据的统计将是多种渠道、思路和方法共同作用的测算结果。

实际上，科技工作者是一个职业概念，结合已有科技工作者职业分类的研究基础，可考虑从职业角度探索进行科技工作者的总量测算。根据调查统计的基本思路，测算方法有普查和非全面调查两种方式。由于尚不具备科技工作者普查的条件，测算科技工作者总量只能采取非全面调查的方式。现有的方法论和研究方法为科技工作者总量调查提供了良好的基础，研究将采用抽样调查和典型调查相结合的方式。

本章小结

[illegible]

[illegible]

[illegible]

第三章

科技工作者总量的测算方法

由于科技工作者涉及职业类型繁多，数据来源多元复杂，基于职业类型研究的科技工作者测算是一个复杂的系统工程，必须有系统清晰的测算方案和科学合理的方法来保障。根据科技工作者自身特点，结合现有技术手段和数据来源，形成基于职业分类的科技工作者测算方法。

第一节 测算方案

科技工作者职业类型多、行业分布广，已有研究结果显示，科技工作和职业共包括 187 个小类，677 个职业。由于尚不具备科技工作者普查的条件和渠道，科技工作者测算将在职业分类研究的基础上，通过多种数据获取方法实现。为尽量保证信息的准确和完整性，首先对科技工作者职业小类和职业细类进行系统梳理，再根据实际情况，结合数据来源制定测算方案。

一、方案设计原则

科技工作者的总量测算，目的在于了解我国科技工作者整体情况,并为日后追踪其变化发展提供数据支持。科技工作者总量测算,既是一个学术问题,更是支撑国家宏观决策的政策研究课题。因此,测算方案的设计既要考虑我国目前的数据来源基础情况,也要有足够的科学理论支撑,测算方案设计基于如下原则。

一是科学性原则。充分理解我国科技工作者的职业类型和分布特点,调研利用已知权威数据来源,在科学理论指导下构建数据获取方案,涉及问卷调查时,既要保证问卷设计的科学性,也要保证调查员的训练有素,最大限度确保数据来源真实可靠。

二是系统性原则。一方面考虑我国经济发展存在区域间不平衡性,特别是不同地区、不同规模城市的劳动者数量以及科技工作者数据存在显著差异,抽样调查中确保样本的随机性与代表性。另一方面,科技工作者本身作为一个职业概念,对于在职科技工作者和离退休科技工作者应通盘考虑,全面摸底。

三是适用性原则。科技工作者总量变化存在时间上的不一致性。本书获得的科技工作者总量结构数据仅代表研究时点的数据情况,数据收集要注意时点的一致性,得出结论反映的也是研究时点的情况。即本书反映的是截至 2020 年底我国科技工作者的总量与结构状况。

二、主要思路和做法

由于我国各统计渠道均没有科技工作者数量的直接数据,也尚未构建科技工作者普查渠道,基于科技工作者职业类型的研究成果,对科技工作者总量进行测算,为在职科技工作者和离退休科技工作者两部分人群数据之和。基本思路如下：在职科技工作者测算基于重新界定的职业分类，首先标注出有明确数据来源的职业，如卫生系统、教育系统较为容易查询到相应数据，将与之相关的职业小类对照查询数据；对于未能查询到具体数据的职业小类，采用抽样调查的方式进行测算；如果存在抽样调查未能涉及的职业小类，则通过典型调查法进行测算。已不在岗的离退休科技工作者利用采取比例推算的方法，通过全社会离退休人员与就业人员比例结合在职科技工作者数量进行等比率推算。二者之和即为全国科技工作者总量。

在职科技工作者采用数据查询、抽样调查、典型调查法三种途径测算，具体如下所示。

一是基于官方统计数据获取科技工作者数量信息。通过对专业技术人员、技术技能人才、社会生产生活服务中的科技工作者每一小类或细类进行查询，可以获得部分职业中的科技工作者数量信息，这些职业包括高等教育教师、卫生专业技术人员等，相关信息来源于国家统计局、教育部、卫健委、人力资源和社会保障部等官方统计数据。

二是采用科学、系统的抽样调查方法测算科技工作者的数量。遵循科学性、合理性和可操作性原则设计调查问卷，对没有明确数据来源的职业，采用在线调查方式获取职业数据，充分利用官方统计数据中的辅助信息，运用比率估计等方法推算每一类职业的科技工作者数量。

三是采用典型调查法。对尚无准确数据的职业小类，根据职业分布特点，科学遴选具有有关单位或行业数据信息，进一步推算此类职业的科技工作者数量及结构分布情况。

第二节　抽样调查的思路与实施

对于由很多个体所组成的总体,如果可以对总体进行大规模、全面的调查,即将每一个个体都作为调查对象,其所得的结论毫无疑问是最具有普遍性、最能够反映总体特征的,如人口普查可以反映我国人口的总体数量以及性别、年龄、分布等特征,该类数据具有很大的权威性。但在多数情况下,由于总体规模庞大,实施整体调查难度很大、成本很高,因此通常以抽样调查代替,用样本来推断总体。抽样调查通常由抽样、调查、估计三个环节组成。在这三个环节中,调查方法的设计具有很强的艺术性,抽样方法、估计方法的设计具有很强的技术性。一次大规模抽样的调查效果很大程度上取决于抽样方案设计的科学性、合理性①。对于科技工作者的测算,考虑到目前掌握信息的情况,采用非随机抽样的方法开展调查。本节具体介绍抽样调查的设计思路与实施情况。

一、抽样调查的思路

1. 抽样设计

通常情况下,抽样调查是指依据随机原则,利用随机数,从总体中

① 俞纯权.设计抽样方案时抽样方法和估计量的选择[J].上海统计,2001(8):20-24.

抽取样本的方法。采用随机原则抽取样本的前提是抽样框已知，对抽样框中的总体单位采取编号、排队等方式，以保证每一个总体单位被抽中的可能性是相同的，选择样本的人员不能在选择时有意或无意地干预或带有个人偏见。但是在进行探索性调查时，抽样框有可能是未知的或者我们对总体的情况掌握很少，调查的目的并非完全是为了估计总体指标，而是为了了解总体的构成情况。这种情况下，我们只有采用非随机抽样方法来开展调查。当总体单位较为分散时，我们就需要根据所要研究的问题按照研究者的经验或其他条件来抽取样本。调查者自身的经验是基于对调查对象现实状况的掌握，从而确定一个客观的抽样标准来选择样本单位。无论从代表性角度出发，还是从费用和时间角度出发，调查者的选择都应该向优化方向靠近。如果调查者在抽样过程中判断得当，那么样本是非常具有代表性的，往往比纯粹随机抽样效率更高。

在科技工作者总量与结构测算的研究中，由于我国人口规模大、就业人数多，开展全面调查需要耗费大量财力、物力及精力。另外，如果在大样本情况下采用随机原则开展抽样调查仅能得到较少数科技工作者的信息，不利于对科技工作者整体情况的研究和判断。因此，普查和随机抽样调查两种方法在这一研究中都不适用。基于本书问题的自身特点，采用非随机原则可以在保证样本代表性的同时，大大节约调查的时间和费用。

科技工作者总量调查的样本覆盖中国(不包括中国香港、中国澳门、中国台湾)的 31 个省、自治区、直辖市的人口。抽样调查目标样本规模为 12 000 人，样本量的确定遵循原则为费用一定条件下精度最高。根据 Cochran 样本量测算模型：

$$n=\frac{Z_{\alpha/2}^{2}p(1-p)}{E^{2}} \tag{3-1}$$

其中，α 表示显著性水平，$Z_{\alpha/2}$ 表示 Z 统计量，p 表示概率值，E 表示误差值。假设置信度为 0.95，显著性水平为 0.05，则 $Z_{\alpha/2}=1.96$；为了尽可能保证测算的精确性，取误差值为 0.01；因 p 的取值无法确定，用 $p(1-p)$ 的最大可能值代替实际值，这样计算出的样本量比实际需要的样本量要大。当 p 等于 0.5 时，计算样本量 $n=9\,604$，即在置信度为 0.95、误差值为 0.01 时，所需样本量不超过 9 604。结合本书拟采用的调查方式，考虑到无效问卷率的存在，确定目标样本量为 12 000。

2. 调查方式

采用在线调查的方式，以基于互联网的技术手段为研究工具，利用网页问卷来收集、管理和处理调查研究的数据和信息。网络调查的样本均为方便样本，不仅能够降低调查成本，同时也增加了调查数据收集的准确性，有效降低了传统印刷问卷调查可能出现的各种调查测量误差。

基于抽样原则和目标样本量，具体抽样过程为：首先选取来自不同省、自治区、直辖市的学生和老师担任调查员，对调查员进行科技工作者的职业分类培训，确定一个较为客观的抽样标准，保证调查者具备本次抽样调查所需的综合素质。然后制定末端抽样的基本原则，即由调查员尽可能向不同地区的、职业带有一定科技色彩的从业者发放问卷，理论上保证样本的随机性与代表性。调查的可行性在于现在就业者几乎人人都会上网，不会出现系统性的偏差。实际操作中若遇到网页问卷链接出现问题，课题组要及时查找原因，解决问题。同时，与专业调查机构合作，在机构的现有样本库里随机抽取部分样本，通过两种方式汇总后的样本量为 12000。

3. 调查数据估计与汇总

主要采用比率估计方法，估算未知职业科技工作者数量。比率估计是借助辅助变量信息建立的非线性估计形式，而估计量的精度依赖于对辅助变量信息的利用程度。比率估计作为抽样调查的一种估计方法，可以与各种方法结合使用，能够大大增加抽样的有效性，使获取的数据资料具有更大的参考和决策价值。具体来说，抽样调查前应事先掌握某些可资利用的总体辅助信息或数据，采用比率估计方法进行测算，可使已有数据的作用再次得以发挥，不仅没有造成调查工作量的增大和调查时间的延长，反而还节约了资源。在本书中，以如下方式使用该方法。

已知职业 1 科技工作者人数总量 A_1（已通过官方统计年鉴等渠道获取），通过抽样调查估计某职业科技工作者人数总量 X。用大写字母表示职业的总体数量，用小写字母表示职业的样本数量。将变量 A 作为辅助变量，某职业科技工作者人数总量 X 为调查变量。通过抽样调查，可算出某职业科技工作者与职业 1 科技工作者在样本量中的比值 $r=\frac{x}{a_1}$，则某职业科技工作者人数估计值为 $\hat{X}=\frac{x}{a_1}A_1$。依此类推，可以得到所有未知职业科技工作者数量的估计值。

在对调查变量的目标值进行估计时，利用已知的辅助变量信息构造比率估计量可以改进估计的精度。当存在多个辅助信息，即若干个职业的科技工作者数量均已知（已通过官方统计数据获得）时，依据上述方法，可计算出调查变量的多个估计值。具体而言，当某职业科技工作者人数未知，而已知职业 1，2，…，m 的科技工作者数量分别为 A_1，A_2，…，A_m。依据抽样调查获得的信息，可算出某职业科技工作者与所有已知职业的科技工作者在样本中的比值：

$$r_1 = \frac{x}{a_1},\ r_2 = \frac{x}{a_2},\ \ldots,\ r_m = \frac{x}{a_m} \tag{3-2}$$

其中，a_1，a_2，…，a_m 表示规模已知职业样本数量，x 表示 X 职业的样本数量，r_1，r_2，…，r_m 分别表示职业 X 科技工作者与已知职业 1，2，…，m 科技工作者在样本中的比值。则某职业科技工作者人数估计值分别为

$$\hat{X}_1 = \frac{x}{a_1}A_1,\ \hat{X}_2 = \frac{x}{a_2}A_2,\ \cdots,\ \hat{X}_m = \frac{x}{a_m}A_m \tag{3-3}$$

为了综合利用以上辅助信息，同时保证所得估计值的稳健性，某职业科技工作者的数量采用模型平均方法的思想，基于误差最小原则对每个估计值进行赋权，最后得到科技工作者的加权平均数。利用模型平均方法思想对多个辅助信息得出的多个估计值进行加权，而不轻易地排除任何一个估计值，因而一般可以减少有用信息的遗失。科技工作者总量估计式表达如下：

$$\hat{X} = \tilde{\omega}_1\hat{X}_1 + \tilde{\omega}_2\hat{X}_2 + \tilde{\omega}_m\hat{X}_m \tag{3-4}$$

其中，$\tilde{\omega}_1, \cdots, \tilde{\omega}_m$ 等为权数，$\hat{X}_1, \cdots, \hat{X}_m$ 为估计的科技工作者总量。

从调查角度讲，这种利用辅助信息的抽样比未利用的抽样几乎没有增加工作量，反而由于充分利用辅助信息改进了抽样方法和估计量，从而大大改良了估计精度，提高了抽样效率。从经济学观点看，在不增加投入的前提下扩大了产出，实现了信息资源的有效配置。

二、抽样调查的实施

1. 问卷设计

科技工作者总量测算调查问卷采用模块化的设计方式，包括个人基本信息模块和职业信息模块。个人信息模块包括性别、年龄、学历、职称、工作年限及工作地区等。职业信息模块中为了了解从业者对自己职业的认知情况，除中类职业、小类职业的选择、劳动者客观职业内容之外，增设主观认知情况选项，调查项目如表 3－1 所示。在进行职业选择时，问卷系统进行中类、小类的自动跳转。问卷初稿设计形成后，在正式调查实施前，通过预调查的方式发现问题并对问卷进行进一步修改完善，形成正式调查使用的问卷（见附件 1）。

表 3－1　问卷调查项目表

调查对象	就业人口（不包括中国港澳台居民和外国人）
基本信息	①性别；②年龄；③学历；④职称；⑤工作地点；⑥工作年限；⑦工作单位或工作性质
职业信息	①中类选择：教育、卫生等专业技术人员、工程技术人员、制造业从业人员、其他从业人员；②小类选择；③职业内容；④主观认知

2. 调查员培训

调查员在一个调查项目的组织实施中处于重要地位，关系到整个项目的成败，有一支高素质的调查员队伍是顺利完成项目调查的重要保证。科技工作者职业类别繁多，为保证调查数据的准确性，为保证抽样调查的科学性和数据结果的准确性，在抽样调查前，对调查员就职业概念和问卷内容进行培训。在进行调查时，要求调查员具有良好的专业素质和高度的工作责任感，确保受访者理解项目内容并填报准确信息，认同项目的价值和意义；具有良好的心理素质，能够应对调研过程中的突发情况；踏实肯干，诚实可靠，确保问卷调查的结果真实可信，此外，调查员还应有充裕时间，确保顺利完成调查工作。

2020年3月在线上对调查员开展为期三天的培训，培训课程包括项目介绍、676个职业的定义与归类、中类职业与小类细类职业的关系、调查问卷的发放原则、调查过程中明显填写错误的样本处理情况等。

3. 预调查

预调查是开展抽样调查之前的一个重要过程，主要目的是找出问卷设计过程中存在的缺陷和遗漏，对受访者的意见与建议进行记录，从而对问卷内容做进一步的修改与完善。2020年4月，课题组随机抽取20名调查员开展预调查，每位调查员按照抽样设计方案向10位就业人员发放问卷，预调查时的问卷设计包含了27个中类，该项调查工作用时一个工作日。预调查过程中，我们积极与受访者沟通并在调查结束后，对问卷内容展开分析，主要发现以下问题。

一是问卷的有效回收率不高。在剔除掉各类乱答、未答、乱填等无效问卷后，预调查使用的问卷有效回收率不高，说明该问卷存在较大的问题，需要进一步修改。

二是在问卷回收过程中，要求调查员对部分受访者询问填答问卷的感受。很多受访者认为中类的划分过于繁杂，甚至不知道自己的职业属于哪一个中类，页面设计不友好。

基于此，我们总结经验，对问卷的排版进行优化，并进一步改进了调查问卷内容与抽样方案，具体的做法依据统计方便原则和易理解原则，将 27 个中类合并为 4 个中类，即教育、卫生等专业技术人员、工程技术人员、制造业从业人员、其他行业从业人员。

问卷修订后，课题组咨询了统计抽样领域的专家意见，得到专家肯定后，又一次开展调查，进行第二次测试，结果表明，上述问题得到了妥善解决，调查结果较为理想，达到大规模开展抽样调查的条件。

4. 调查实施

科技工作者总量抽样调查于 2020 年 5 月正式实施，调查问卷为预调查结束后修改的问卷。执行步骤如下：

第一，由 50 名来自不同省、自治区、直辖市的学生和老师担任调查员，严格对调查人员进行培训，使其能够应对一般的突发事件；

第二，由调查员尽可能向不同地区的、职业带有科技色彩的从业者发放问卷，共计 2 000 份；

第三,与专业调查机构合作,在机构的现有样本库里随机抽取10 000个样本,问卷发放和样本库的样本量共计12 000份;

第四,在抽样过程中,每周对问卷回收数据进行统计,对于明显填写错误的问卷联系调查员进行补访;

第五,将回收的问卷和调查机构数据库中的样本进行整合,统一进行数据清理,在清理数据库的过程中,首先对异常数据进行辨识,对无回答题目按照数据缺失处理;对于逻辑跳转与实际不相符合的数据,按照无效数据处理,最终筛选出符合科技工作者定义的人数为8 525人。

5. 调查质量控制

质量控制的目标包括获得客观准确、真实有效的数据,减少人为误差,提高调研结果的科学性,避免人力、物力等各项资源的浪费等方面。为此,我们对调查过程进行了质量控制。质量控制的过程包括调研设计、调研实施以及资料整理与分析;在调查前严格对调查人员进行培训,使其能够应对一般的突发事件;在调研方案问卷设计之前召集相关人员对所做工作进行深入地沟通和讨论后再实施工作;保证抽样员、访问员、复核员独立工作以确保样本的随机性、复核的准确性和公正性;变量编码与数据清理由专门人员操作。调查实施过程中,在问卷设计、调查过程、数据清理三个阶段都设计了质量控制手段。

在问卷设计方面,咨询抽样调查领域有关专家问题设置的合理性与可操作性,并设计预调查环节数据对问卷量表部分进行检验,结合受访者反馈对设置不合理的选项进行修改,保证问卷设计合理科学。

在实施过程中，强调调查员问卷发放过程中的礼貌、责任心等主观要素，并向每一位受访者清楚介绍调查主题、目的及问卷内容用处，保证保护被调查者的隐私，消除其疑虑。同时，调查进行期间，每周对后台调查数据进行核查，减少调查过程中各个环节的失误，加强对数字填报质量的检查。

在数据清理方面，加强对异常数据和缺失数据的处理。首先，对数据进行辨识，无回答题目、异常数据，均按照数据缺失处理；对于逻辑跳转与实际不相符合的数据，按无效数据处理；对存在疑点但不确定出错的变量不进行清理。其次，对于劳动者个人基本信息的缺失，按照插补法进行处理。插补时用地区作为辅助变量将调查得到的样本划分为若干层，然后在每一层中按照样本编号对变量进行排序。对于有数据缺失的变量，用同一层中前一个回答值进行插补。

第三节　三种数据测算路径

由于科技工作者职业分类复杂，数据来源也呈现多元化的特点，根据测算方案，通过三种不同的数据获取途径进行测算，本节对各数据获取途径的计算方法进行系统介绍。

一、官方数据查询

根据统计年鉴等官方公布的渠道获取统计数据信息，是最可靠的数据来源之一。对照科技工作者职业分类，通过查阅各种年鉴等国家统计数据来源，从《2021 中国卫生健康统计年鉴》获得卫生技术人员职业中类 9 个职业小类的数据，自然科学教学人员职业中类 3 个职业小类数据可通过《中国教育统计年鉴 2020》中统计数据和有关研究数据进行计算获得，工程技术人员职业中类的两个职业小类和制造业人员中的科技工作者职业中类的一个职业小类数据通过相关行业统计数据计算获得，交通运输、仓储和邮政业服务人员中的科技工作者职业中类的一个职业小类数据主要通过行业报告统计数据获得。具体如下。

1. 卫生技术人员

根据医师资格考试类别划分①，共有临床、中医、口腔、公共卫生四个类别，其中中医类别包括中医、民族医、中西医结合。按照科技工作者职业卫生技术人员职业中类中包括的各职业小类，根据《2021 中国卫生健康统计年鉴》表 2－3－3“各类别执业（助理）医师数”，临床和口腔医师职业小类对应临床类别和口腔类别二者之和，中医医师、中西医结合医师、民族医医师三个职业小类合并用中医职业小类统计数据，公共卫生与健康医师用公共卫生类别执业医师数统计。药学技术人员、医疗卫生技术人员、护理人员、乡村医生分别对应表 2－1－6“各地区卫生技术人员数”药师（士）、技师（士）、注册护士、乡村医生和卫

① 国家医学考试网. 医考百问百答-考试概况[EB/OL]. http://wiki.nmec.org.cn:8088/page/%E5%8C%BB%E8%80%83%E7%99%BE%E9%97%AE%E7%99%BE%E7%AD%94-%E8%80%83%E8%AF%95%E6%A6%82%E5%86%B5#4a[2022－08－22].

生员数据。

2. 自然科学教学人员

在《中国教育统计年鉴2020》中可以直接查到高等教育分学科专任教师数、中等职业学校(机构)分科专任教师数、普通高中分课程专任教师数、初中分课程专任教师数、小学分课程专任教师数。由于只有从事自然科学学科教育的教学人员纳入科技工作者统计范畴,需通过任教不同学科情况进行剥离。根据不同教育层级的学科或课程分类情况,将属于从事自然科学教学的人员纳入统计。中小学教师中根据课程分类,高中、初中、小学不同学科分别纳入统计(见表3-2)。

表3-2　中小学教师纳入自然科学教学人员任教课程的分类

教育阶段	纳入课程
高中	数学、物理、化学、生物、地理、信息技术、通用技术、体育与健康、综合实践活动
初中	数学、科学、物理、化学、生物、地理、体育与健康、综合实践活动
小学	数学、体育、科学、综合实践活动

高等教育和中等职业教育学科分类参考《中国科技人力资源发展研究报告(2020)》[①]对于高等教育和专科教学学科纳入科技人力资源统计比例进行测算。高等教育不同学科纳入比例,考虑普通高校和成

① 中国科协调研宣传部,中国科协创新战略研究院. 中国科技人力资源发展研究报告(2020)——科技人力资源发展的回顾与展望[R]. 北京:清华大学出版社,2021.

人高校的教师人数比例和学科情况，用以下公式计算。

高等教育专任教师中纳入科技工作者的人数为各个学科专任教师纳入科技工作者人数之和，用 P 表示高等教育专任教师中纳入科技工作者的总人数，则

$$P = \sum\nolimits_{i=1}^{n} S_i P_i \tag{3-5}$$

其中，S_i 表示高等教育 i 学科专任教师纳入科技工作者的比例，P_i 为 i 学科高等教育专任教师人数，则

$$S_i = \infty s_{i1} + \beta s_{i2} \tag{3-6}$$

其中，∞为普通高校专任教师占高等教育专任教师总数的比例，β 为成人高校专任教师占总数的比例。s_{i1}， s_{i2} 分别为该学科普通高校、成人和网络高校学科毕业生纳入科技人力资源的比例。

中等职业教育学科文化课任课教师按照学分分配情况进行计算：根据《教育部办公厅发布〈关于印发中等职业学校公共基础课程方案的通知〉》(教职成厅〔2019〕6 号)，计算中等职业学校公共基础课程中必修课程数学、信息技术、体育与健康、物理、化学在基础模块必修学分中所占比例为 41.67%。则以此比例作为中等职业教育文化基础课专任教师中纳入科技工作者的比例。

专业课专任教师按照对应专科大类比例进行计算，其中土木水利类和轻纺织食品类分别分水利和土木建筑、轻工纺织和食品药品与粮食安全两个学科大类，均取对应大类纳入比例均值，具体如表 3 - 3 所示。

表3-3 中等职业教育学科与专科大类的对应关系

中等职业教育专业课	专科学科大类及纳入比例	中等职业教育专业课纳入比例/%
农林牧渔类	农林牧渔(87.87%)	87.87
资源环境类	资源环境与安全(74.76%)	74.76
能源与新能源类	能源动力与材料(100.00%)	100.00
土木水利类	水利(100.00%),土木建筑(95.68%)	97.84
加工制造类	装备制造(97.75%)	97.75
石油化工类	生物与化工(99.96%)	99.96
轻纺织食品类	轻工纺织(0.00%),食品药品与粮食安全(63.50%)	31.75
交通运输类	交通运输(100.00%)	100.00
信息技术类	电子信息(99.30%)	99.30
医药卫生类	医药卫生(38.60%)	38.60
休闲保健类	无	0.00
财经商贸类	财贸商贸(0.00%)	0.00
旅游服务类	旅游(0.00%)	0.00
文化艺术类	文化艺术(0.00%)	0.00
体育健身类	教育与体育(0.00%)	0.00
教育类	教育与体育(0.00%)	0.00
司法服务类	公安与司法(0.00%)	0.00
公共管理与服务类	公共管理与服务(0.00%)	0.00
其他	无	0.00

实习指导课按照与专业课整体比例相同进行折算。

3. 工程技术人员和制造业人员中的科技工作者

纺织服装工程技术人员、制药工程技术人员为工程技术人员中的科技工作者,仪器仪表装配人员为制造业人员中的科技工作者。三个职业小类的共同特点为能查询到相应行业规上企业 R&D 人员数(见表 3－4)。如果将全国该行业 R&D 人员中试验发展人员作为相应职业小类人数,则可假设三个行业规上企业 R&D 人员数与该行业试验发展 R&D 人员数比例与全国情况相同,则通过可通过比例推算分别得到三个行业全国试验发展 R&D 人员数,即以此作为相应职业小类人数。

表 3－4 职业小类与行业规上企业 R&D 人员数

职业小类名称	行业名称	规上工业企业 R&D 人员数/人
纺织服装工程技术人员	纺织、服装服饰业	62 371
制药工程技术人员	医药制造业	185 324
仪器仪表装配人员	仪器仪表制造业	116 128

数据来源:中国科技统计年鉴 2021

全国规上企业 R&D 人员数与试验发展 R&D 人员数比例用全国按执行部门分研发人员全时当量情况测算为 0.83。

4. 交通运输、仓储和邮政业服务人员中的科技工作者

交通运输、仓储和邮政业服务人员中的科技工作者职业中类包含的职业小类为航空运输服务人员。根据科技工作者职业分类,航空运输服务人员包括民航乘务员和机场运行指挥员两个职业细类。

根据《2020 年中国民航乘务员发展统计报告》①,截至 2020 年底,共有 102 314 名乘务员在各航空公司持证上岗。截至 2019 年底,首都机

① 网易. 2020 年中国民航乘务员发展统计报告[EB/OL]. https://www.163.com/dy/article/G4V7VASF05503O4L.html[2022－09－30].

场运行控制中心一线和后台共50名运行指挥员①。假设机场旅客吞吐量与机场运行指挥员数量成正比，则可通过首都机场旅客吞吐量与全国机场吞吐量比例推算全国机场运行指挥员数量。据报道，2019年首都机场旅客吞吐量10 001.3万人次，我国机场全年旅客吞吐量135 162.9万人次②。根据比例推算，2019年我国机场运行指挥员为676人。

综上所述，共有4个职业中类，16个职业小类数据可通过有明确数据来源的渠道获取数据，具体获取方法简要总结如表3-5所示。

表3-5 通过明确数据来源获取数据的16个职业小类

职业大类	职业中类	小类编码	职业小类	数据来源
专业技术人员中的科技工作者	工程技术人员	2-02-23	纺织服装工程技术人员	《中国科技统计年鉴2021》，通过规上企业R&D人员数推算全国试验发展R&D人员数
		2-02-32	制药工程技术人员	通过规上企业R&D人员数推算全国试验发展R&D人员数
	卫生专业技术人员	2-05-01	临床和口腔医师	各类别执业(助理)医师-临床类别(300.7)+口腔类别(27.8)
		2-05-02	中医医师	各类别执业(助理)医师-中医类别(包括中医、中西医结合、民族医)
		2-05-03	中西医结合医师	
		2-05-04	民族医医师	
		2-05-05	公共卫生与健康医师	各类别执业(助理)医师-公共卫生类别
		2-05-06	药学技术人员	药师(士)

① 汤传俊，李庆峰，矫娜. 首都机场运行指挥员能力提升探索实践[J]. 民航管理，2020(7)：46-50.

② 中国民用航空局. 2019年民航机场生产统计公报[EB/OL]. http://www.caac.gov.cn/XXGK/XXGK/TJSJ/202003/t20200309_201358.html[2022-09-30].

(续表)

职业大类	职业中类	小类编码	职业小类	数据来源
专业技术人员中的科技工作者	卫生专业技术人员	2-05-07	医疗卫生技术人员	技师(士)
		2-05-08	护理人员	注册护士
		2-05-09	乡村医生	乡村医生和卫生员
	自然科学教学人员	2-08-01	高等教育教师	参照纳入比例和查询总量计算
		2-08-02	自然科学中等职业教育教师	
		2-08-03	自然科学中小学教育教师	根据学科划分加总计算
技术技能人员中的科技工作者	制造业人员中的科技工作者	6-26-01	仪器仪表装配人员	通过规上企业 R&D 人员数推算全国试验发展 R&D 人员数
社会生产生活服务中的科技工作者	交通运输、仓储和邮政业服务人员中的科技工作者	4-02-04	航空运输服务人员	乘务员(统计数据-102314)+机场运行指挥员(首都机场外推-675)

二、抽样调查

《科技工作者职业分类体系》中共有 186 个职业小类(除军人中的科技工作者外),但仅有 16 个职业小类的科技工作者人数通过官方途径获取,为测算其余职业小类的科技工作者人数,课题组通过抽样调查得到各职业小类的人数分布情况,并基于已知的职业小类数据和误差最小化原则进行计算。

1. 辅助变量选取

根据《科技工作者职业分类体系》划分的大类,充分利用有明确数据来源的职业信息。基于数据查询官方数据获得的 16 个职业小类分别属于第 1 大类"专业技术人员中的科技工作者"、第 2 大类"技术技能人员中的科技工作者"、第 3 大类"社会生产生活服务中的科技工作者",囊括了除第 4 大类"军人中的科技工作者"外所有科技工作者大类类别,且 16 个职业小类涵盖公有制和非公有制经济形式,对于全社会科技工作者的分布具有较好的代表性。因此,将 16 个来源于官方数据查询的职业小类作为辅助变量参与抽样数据测算。

需要注意的是,由于中医医师、中西医结合医师、民族医医师在直接获取数据时按照一个整体进行,在作为辅助变量使用时,这 3 个职业小类也作为一个整体使用,即相当于共选取 14 个辅助变量参与计算。

2. 权重计算

根据抽样测算方法,辅助变量确定后,采用比率估计方法对职业中类及部分职业小类人数进行估计,并利用模型平均思想,基于误差最小原则对每个估计值赋权,科技工作者总量由所有估计值加权求和得到。权重计算方法为:基于 14 个辅助变量的估计值计算其官方查询数据与估计值的误差,依据精度最大、误差最小原则分别对 14 个辅助变量进行赋权。权重计算过程如下:

(1) 假设辅助变量的个数为 n,某职业小类 i 的真实数据为 a_i,根据辅助变量计算得到的估计值为 $\hat{a}_i$。

(2) 考虑到辅助变量的数据规模,采用估计值与真实值的比率计算相对误差,因此,基于辅助变量 j 估算的误差为 $\delta_j = \sum_{i \neq j} \frac{\hat{a}_i}{a_i}$,则 n

个辅助变量计算出的总误差为$\varepsilon=\sum\delta_j$。

（3）根据误差越大，权重越小的原则，辅助变量j的权重为：

$$W_j=\frac{1}{n-1}*\left(1-\frac{\delta_j}{\varepsilon}\right) \tag{3-7}$$

$$\left(0<W_j<1,\ j=1\cdots n,\text{且}\sum W_j=1\right)$$

辅助变量对应人数、样本数及权重情况如下表3－6。

表3－6　辅助变量信息

小类编码	职业小类	查询官方数据/万人	样本数/个	权重
2－02－23	纺织服装工程技术人员	7.51	15	7.03%
2－02－32	制药工程技术人员	22.30	51	8.04%
2－05－01	临床和口腔医师	328.50	119	1.27%
2－05－02	中医医师	68.30	94	4.84%
2－05－03	中西医结合医师			
2－05－04	民族医医师			
2－05－05	公共卫生与健康医师	11.80	33	9.83%
2－05－06	药学技术人员	49.67	65	4.60%
2－05－07	医疗卫生技术人员	56.06	134	8.41%
2－05－08	护理人员	470.87	125	0.93%
2－05－09	乡村医生	79.55	11	0.49%
2－08－01	高等教育教师	94.36	296	11.03%
2－08－02	中等职业教育教师	34.70	196	19.86%
2－08－03	中小学教育教师	524.59	924	6.19%
6－26－01	仪器仪表装配人员	13.98	26	6.54%
4－02－04	航空运输服务人员	10.30	32	10.93%

3. 调查数据中职业分类的处理

为了便于受访者理解和填答，调查问卷中将职业中类合并为“教育、卫生等专业技术人员”“工程技术人员”“制造业从业人员”“其他行业从业人员”4 种分类，将不同职业小类放置于以上 4 种分类中。为了简化问卷，调查问卷中共列举 94 个职业小类，其他 92 个职业小类均设为其他”选项（在问卷中表示为 4 种分类下的职业小类后，列出“其他”选项）。

根据第 14 题“您的工作涉及以下哪些与‘科学技术’相关的内容?”，对于选择“G、都没有”的，认为其不属于科技工作者，也不再进行进一步分析。对选择其他选项的样本，如果选择了 92 个列为“其他”选项的职业小类，根据问卷中标记的 4 种职业分类和第 8 题“您工作的单位名称或单位性质（主要是做什么的）?”的描述，结合第 14 题的选项，对照科技工作者职业分类中对职业小类的描述，通过人工比对，将其归属至相应职业小类。

最后统计每个职业小类的样本数量并记录。

4. 调查数据的使用

本次调查在 2020 年 5 月开展，正式调查时共发放问卷 12 000 份，回收有效问卷 11 577 份，有效回收率为 96%。调查中得到调查样本的职业小类有 171 个。由于官方数据查询获得的职业小类数据有 16 个，因此只对 155 个职业小类进行测算。

根据本章第二节“调查数据估计与汇总”提出的方法，利用 14 个辅助变量(共涉及 16 个职业小类),在计算权重的基础上,分别采用模型平均方法计算得到 155 个职业小类的科技工作者数量。

三、典型调查

对于尚未有明确统计数据来源和调查抽样中未能抽取到样本的 12 个职业小类,拟采用典型调查方法进行估算。实际资料查询只查询到 10 个职业小类(土地整治工程技术人员、土壤肥料技术人员、植物保护技术人员、作物遗传育种栽培技术人员、动植物疫病防治人员、畜禽种苗繁育人员、农村能源利用人员、农机化服务人员、气象服务人员、有害生物防治人员)的相关信息,另外 2 个职业小类(海洋服务人员、玻璃及玻璃制品生产加工人员)利用相似职业类型进行比对。由于每个职业小类获取数据来源的情况不同,10 个职业小类根据具体情况采用不同的数据来源的方法进行估算。

1. 土地整治工程技术人员

根据长安大学土地工程学院网站信息①,陕西省土地整治技术工程研究中心有研发和工程技术人员 100 余人。则以陕西省有土地整治工程技术人员 100 人计,陕西省省域国土面积为 20.56 平方公里,按照全国 960 万平方公里国土面积比例推算,可推算全国土地整治工程技术人员为 4 669.261 人(0.47 万人)。

① 长安大学官网.陕西省土地整治技术工程研究中心[EB/OL].http://webplus.chd.edu.cn/_s164/6317/list.psp[2022-10-18].

2. 土壤肥料技术人员、植物保护技术人员、作物遗传育种栽培技术人员

土壤肥料技术人员、植物保护技术人员、作物遗传育种栽培技术人员均为农业技术人员。利用2010年第六次全国人口普查数据中表4-13(全国分性别、职业小类、周工作时间的正在工作人口)中土壤肥料技术人员、植物保护技术人员、作物遗传育种栽培技术人员分别占农业技术人员的9.85%、10.23%和5.90%。根据2020年第七次全国人口普查中册数据表4-6(各地区分性别职业中类的就业人口)中,利用全国就业人口数推算全国农业技术人员数为57.8685万人。假定2020年土壤肥料技术人员、植物保护技术人员、作物遗传育种栽培技术人员分别占农业技术人员的比例不变,则土壤肥料技术人员、植物保护技术人员、作物遗传育种栽培技术人员分别为5.70万人、5.92万人和3.41万人。

3. 动植物疫病防治人员

动植物疫病防治人员中的科技工作者包括农作物植保员、林业有害生物防治员、动物疫病防治员、动物检疫检验员、水生物病害防治员、水生物检疫员6个职业细类。根据农业农村部种植业管理司有关负责人采访中披露的数据,我国现有农业植保植检专业人员约1.6万人、林业植保植检人员2.2万人、口岸植物检疫人员2.1万余人[①]。根

① 中华人民共和国农业农村部官网.联合国宣布设立“国际植物健康日”:携手守护全球“同一个健康”筑牢植物防疫粮食安全屏障[EB/OL]. http://www.moa.gov.cn/xw/bmdt/202205/t20220512_6398984.htm[2020-10-17].

据农业农村部首席兽医师(官)在采访中透露的数据，我国现有农村兽医 17.7 万人①。根据职业细类描述，将以上农业植保植检专业人员、林业植保植检人员、口岸植物检疫人员和乡村兽医 4 类人群作为动植物疫病防治人员群体进行加总计算，可得到我国动植物疫病防治人员数量为 23.6 万人。

4. 畜禽种苗繁育人员

截至 2017 年，青海省农牧民养殖管理能手和家畜繁育培训班累计发放家畜繁殖技术员资格证书 442 本，即假定青海省家畜繁殖员均通过该渠道取得了家畜繁殖技术员资格证书，则 2017 年青海省家畜繁殖员人数为 442 人②。2017 年青海省大牲畜数量为 508.87 万头，按照 2019 年全国大牲畜数量为 9 877.42 万头③进行比例推算，可得 2019 年全国家畜繁殖员人数为 7 806.562 人。

由于尚未查询到家禽繁殖员相关数据信息，假定家禽繁殖员人数与家畜繁殖员人数相当，则禽畜种苗繁育人员即为二者之和，约 1.56 万人。

5. 农村能源利用人员

农村能源利用人员职业中类中沼气工职业细类属于科技工作者，

---

① 现在畜牧网. 国家首席兽医师李金祥：我国执业兽医缺口 30 万人！[EB/OL]. http://www.cvonet.com/breed/detail/594561.html[2020-10-17].

② 青海省人民政府官网. 我省已培训农牧民养殖能手和家畜繁殖技术员近千名[EB/OL]. http://www.qinghai.gov.cn/msfw/system/2017/10/04/010284224.shtml[2020-10-18].

③ 青海省牲畜饲养具体情况 3 年数据分析报告 2020 版[EB/OL]. https://wenku.baidu.com/view/210c950864ec102de2bd960590c69ec3d5bbdbdf.html[2020-10-18].

即只需估算沼气工人数。据报道，2008 年四川省沼气生产工总数达到 18 314 名，全省修建农村户用沼气池约 30 万座[①]。2019 年中国农村户用沼气池数量为 3 380.27 万座[②]。2020 年南充市西充县全县沼气实际使用率为 3%上下[③]。假设 2020 年全国沼气实际使用率与 2019 年南充市西充县情况大体一致，则 2020 年全国实际投入使用农村户用沼气池数量为 101.41 万座。将全国实际投入使用农村户用沼气池数量与 2008 年四川省沼气生产工与沼气池情况进行比例推算可得，2020 年我国沼气工人数约为 61 906.26 人，即 2020 年我国农村能源利用人员中科技工作者数量约为 6.19 万人。

6. 农机化服务人员

农机化服务人员中的科技工作者即为农机修理工职业细类。根据江苏省农业农村厅的调研，农机具数量与农机修理工的比例为 1 700∶1[④]。2020 年，我国农机具数量为 39 235 545 台[⑤]。则计算可得，2020 年我国农机修理工人数为 23 079.73 人。

---

① 沼气网. 沼气技工四川第一[EB/OL]. http://www.zhaoqiweb.com/hangyedongtai/a20087521239.html[2020-10-17].

② 产业信息网. 中国农村沼气建设行业建设现状及存在问题分析：农村户用沼气池数量超过 3 380 万个[EB/OL]. https://www.chyxx.com/industry/202102/928737.html[2020-10-17].

③ 金台资讯. 环保作用大 四川沼气池保有量 555 万口[EB/OL]. https://view.inews.qq.com/k/20201104A01JE200?web_channel=wap&openApp=false[2022-10-17].

④ 陈春裕. 新农机需要什么样的修理工？江苏以机修能力建设“助攻”农机化[EB/OL]. https://baijiahao.baidu.com/s?id=1675277672728327330&wfr=spider&for=pc[2022-10-11].

⑤ 数据来源为《中国统计年鉴 2020》，为农用大中型拖拉机、小型拖拉机、大中型拖拉机配套农具、联合收割机和机动脱粒机数量之和。

7. 气象服务人员

气象服务人员中的科技工作者即为航空气象员职业细类。根据《民用航空机场气象台(站)建设规范》①,机场气象台人员最低配额应根据执照气象预报员、执照气象观测员和执照气象机务员 3 类人群最低配额情况进行计算。在机场非 24 小时运行、海拔高度为常规机场、机场驻场航空公司小于 2 个、机场严重影响航空运行天气现象日数小于 20 天的情况下,机场气象台人员所需执照气象预报员、执照气象观测员和执照气象机务员均为 2 人,即机场气象台所需最低配额人数为 6 人;当机场为 24 小时运行、处于高海拔高原、机场驻场航空公司大于 5 个、机场严重影响航空运行天气现象日数大于 100 天的情况下,机场气象台人员所需执照气象预报员、执照气象观测员和执照气象机务员均为 5 人,即机场气象台所需最低配额人数为 15 人。也就是说,综合考虑各种情况,每个机场气象台所需航空气象服务人员数最低配额为 6—15 人,考虑到全国所有机场情况各异,将 15 人作为所有机场气象服务人员平均数。根据中国民用航空局空中交通管理局气象中心数据,我国共有 191 个机场气象台。则可计算得出,我国气象服务人员为 2 865 人。

8. 有害生物防制人员

根据中国有害生物防制网②上会员企业名录,有副会长企业 3 个、

---

① 民用航空机场气象台(站)建设规范[EB/OL]. https://www.renrendoc.com/paper/171754607.html[2022-10-11].

② 中国卫生有害生物防制协会官网. http://www.cpca.cn/site/index.html.

常务理事企业 24 个、理事企业 75 个、会员企业 1 774 个，共有会员企业 1 876 个。湖南高德联创环境管理有限公司是中国有害生物防制协会的会员单位，有高级有害生物防制员 7 人，中级有害生物防制员 22 人，初级有害生物防制员 35 人，即有害生物防制员人数为 64 人。如果假设会员单位有害生物防制员规模大体相同，则以中国有害生物防制协会会员单位中的有害生物防制员人数作为我国有害生物防制人员数，为 120 064 人。

根据以上估算情况可得，10 个未能获得明确统计数据来源和调查数据来源的职业小类科技工作者人数总计为 66.86 万人(见表 3-7)。

表 3-7　10 个通过典型调查获得数据的科技工作者人数情况

职业小类	土地整治工程技术人员	土壤肥料技术人员	植物保护技术人员	作物遗传育种栽培技术人员	动植物疫病防治人员
人数/万人	0.47	5.70	5.92	3.41	23.60
职业小类	畜禽种苗繁育人员	农村能源利用人员	农机化服务人员	气象服务人员	有害生物防制人员
人数/万人	1.56	6.19	2.31	0.29	12.01

9. 海洋服务人员、玻璃及玻璃制品生产加工人员

由于海洋服务人员、玻璃及玻璃制品生产加工人员均未能获得相应信息或数据，则假定其与相关职业小类相关关系，估算其具体数值。

若假定海洋服务人员与海洋工程技术人员数量相当，则根据抽样调查测算数据，海洋工程技术人员数为 49 163.55 人，即我国海洋服务人员数为 4.92 万人。

若假定玻璃及玻璃制品生产加工人员与玻璃纤维及玻璃纤维增强塑料制品制造人员数量相当，则根据抽样调查测算数据，玻璃纤维及玻璃纤维增强塑料制品制造人员数为 0.49 万人，即我国玻璃及玻璃制品生产加工人员数为 0.49 万人。

第四节　方法的局限性

尽管测算方案充分考虑科学性、系统性、适用性原则，但由于直接的统计数据信息缺乏，也暂无法进行大规模普查，利用多种数据来源和方法作出的数据测算难免有一定局限性。

一、可能的误差及来源

1. 统计数据使用中形成的误差

直接从国家统计年鉴等渠道获得的数据是权威数据信息来源，但在使用中存在如下情况可能造成误差：一是部分职业小类与统计指标的名称或界定不完全一致，使用统计指标代替职业小类，导致存在一定误差，如计算中用技师(士)数据作为职业小类医疗卫生技术人员的数值，在《中国卫生健康统计年鉴》中，“技师(士)”是指“检验技师(士)和影像技师(士)。包括主任技师、副主任技师、主管技师、技师、技士”，在《职业分类大典》中“医疗卫生技术人员”职业小类包括“影像技师、口腔医学技师、病理技师、临床检验技师、公卫检验技师、卫生工程技师、输血技师、临床营养技师、消毒技师、肿瘤放射治疗技师、心电学技师、神经电生理脑电图技师、康复技师、心理治疗技师、病案信息技师、中医技师”;二是部分职业小类的数据是通过统计数据简单计算得到的,但在计算过程中涉及部分参数确定,如自然科学教学人员涉及不同课程或学科专任教师的分类与剥离,实际情况比参数确定的思路更加复杂,测算值与实际值之间不可避免会存在误差;三是部分职业小类总量通过统计数据推算得到,由于职业小类与所使用统计数据之间的关系可能存在差异,通过统计数据推算职业小类数据与实际情况可能有差异,主要体现在三个使用行业数据推算的职业小类上。

2. 调查数据的误差

由于尚不掌握科技工作者的相关统计数据,也无法对科技工作者进行大规模普查,通过抽样调查获得科技工作者各职业小类情况是数据获取的重要来源之一。调查数据的误差主要体现在代表性误差。本书中的代表性误差主要来自抽样调查和典型调查两种渠道。

在抽样调查方面,样本来自专业机构和调查员两种渠道,但由于专业机构数据并不是为调查科技工作者总量情况专门设计的,同时调查员的水平和能力差异影响样本选择和填答,难免存在样本数据与实际情况的偏差,而造成代表性误差。在研究过程中,通过加强对专业机构数据筛选和调查员培训,尽量选取符合科技工作者特征的对象进行调查,最大限度地降低了代表性误差。

在典型调查方面,典型调查本身的缺陷就在于调查对象的代表性。由于数据获取难度较大,研究中选取的典型对象以数据可获得性为首要考虑因素，代表性方面有所欠缺。但由于采取典型调查的部分职业小类为抽样调查时没有获得样本的数据，在科技工作者群体中总量应该不是很大，对科技工作者总量测算的影响不大。

3. 时间误差

时间误差是指统计调查对象因时期或时点界定不准确所产生的误差。受研究实施经费和时间要求所限，通过统计数据主要采取各权威机构截至2020年底的统计数据，抽样调查实施时间为2020年5月，即调查数据的时点为2020年5月，典型调查数据根据可获得性以2020年底数据为主，也有部分职业小类只能获得2019年数据。尽管如此，由于抽样调查数据是以统计数据为辅助变量进行测算的，2020年5月与2020年底的调查情况应差异不大，其他数据来源均为2020年底，故认定测算所得数据基本反映了截至2020年底我国科技工作者的情况。

4. 其他误差

对于通过统计数据、抽样调查和典型调查均未能获取数据的两个职业小类，采用相关职业小类进行类比估算。类比情况与实际情况难免存在差异。但由于使用类比估算的只有两个未能获得抽样调查样本的职业小类，对总体影响不大。

二、可能改进的方面

(1) 在数据获取方面，一方面推动国家有关机构加强对科技工作者相关数据的统计，从而直接获取更多数据；另一方面加强有关科技工作者的数据积累，包括对于数据来源和有关参数确定的信息收集与整理。

(2) 在调查方面，一是在时间精力和经费允许的情况下，提高样本容量；二是提高抽样精度，逐步积累构建科技工作者测算的相关样本库，改进抽样方法，提高问卷科学性，不断提高测算的科学化水平；三是扩大数据来源，综合运用各种渠道和方法做好典型调查。

(3) 在人员支持方面，既要有一支长期跟踪科技工作者测算相关工作的研究队伍，也要注重培养更专业稳定的调查员队伍，提高测算方法的科学性和数据收集的有效性。

本章小结

科技工作者职业种类繁多，且分布在不同行业和机构，尚无科技工作者总量的直接统计数据。根据测算的总体原则，我国科技工作者的总量应为在职科技工作者数量和离退休科技工作者数量之和。结合科技工作者的职业分类，在职科技工作者数量通过官方数据查询、抽样调查、典型调查三种方法获得科技工作者不同职业小类的数据信息，汇总得到 186 个职业小类信息。其中，官方数据查询获得 16 个职业小类的数据信息，抽样调查获得另外 158 个职业小类的数据信息，典型调查获得 12 个。离退休科技工作者数量通过比例推算方法获得。

尽管测算方法无法避免一定程度的局限性，获得的数据与实际情况有一定差异，但由于研究者对科技工作者有较为深入的了解，整体设计均遵循之前科技人才相关研究的基础，所做出的测算方法选择应为目前看来最为接近实际情况的选择。这种方法测算得到的数据是可信可用的。

未来应继续积累相关数据，改进抽样方法，培养更专业稳定的调查员队伍，提高问卷的科学性，不断提高测算的科学化水平，促使测算结果更加接近实际情况。

第四章

我国科技工作者总量与结构测算结果

科技工作者是我国科技事业发展的重要支撑，也是建设世界重要人才中心和创新高地的中坚力量。科学测度和系统掌握我国科技工作者的规模和结构情况，是积极开发和高效发挥科技工作者作用的基础，也是科学制定国家教育、科技、人才和经济发展战略的前提和基础。

第一节　我国科技工作者总量测算

人才规模是人才队伍最基础的衡量指标。作为一个职业概念，我国科技工作者的总体规模由在职科技工作者和离退休科技工作者两部分组成，其测算也由这两部分群体分别计算加总得到。

一、在职科技工作者数量

根据第三章所述的测算方法，通过三种测算途径对我国 186 个职业小类的科技工作者进行测算，得到每个职业小类的科技工作者测算值（见表 4－1）。汇总即得到，截至 2020 年底，我国在职科技工作者总量测算值为 4 987.78 万人。

表4-1　分职业小类的我国科技工作者总量

大类名称	中类名称	小类编码	小类名称	样本量	测算值/万人	占比/%
专业技术人员中的科技工作者	科学研究人员	2-01-06	自然科学和地球科学研究人员	55	27.04	0.54
		2-01-07	农业科学研究人员	23	11.31	0.23
		2-01-08	医学研究人员	76	37.36	0.75
	工程技术人员	2-02-01	地质勘探工程技术人员	28	13.77	0.28
		2-02-02	测绘和地理信息工程技术人员	64	31.46	0.63
		2-02-03	矿山工程技术人员	27	13.27	0.27
		2-02-04	石油天然气工程技术人员	5	2.46	0.05
		2-02-05	冶金工程技术人员	41	20.16	0.40
		2-02-06	化工工程技术人员	5	2.46	0.05
		2-02-07	机械工程技术人员	262	128.81	2.58
		2-02-08	航空工程技术人员	3	1.47	0.03
		2-02-09	电子工程技术人员	467	229.59	4.60
		2-02-10	信息和通信工程技术人员	885	435.10	8.72
		2-02-11	电气工程技术人员	131	64.40	1.29
		2-02-12	电力工程技术人员	3	1.47	0.03
		2-02-13	邮政和快递工程技术人员	4	1.97	0.04
		2-02-14	广播电影电视及演艺设备工程技术人员	4	1.97	0.04
		2-02-15	道路和水上运输工程技术人员	44	21.63	0.43
		2-02-16	民用航空工程技术人员	1	0.49	0.01
		2-02-17	铁道工程技术人员	23	11.31	0.23
		2-02-18	建筑工程技术人员	305	149.95	3.01
		2-02-19	建材工程技术人员	39	19.17	0.38
		2-02-20	林业工程技术人员	8	3.93	0.08
		2-02-21	水利工程技术人员	27	13.27	0.27

（续表）

大类名称	中类名称	小类编码	小类名称	样本量	测算值/万人	占比/%
专业技术人员中的科技工作者	工程技术人员	2-02-22	海洋工程技术人员	10	4.92	0.10
		2-02-23	纺织服装工程技术人员※	15	7.51	0.15
		2-02-24	食品工程技术人员	31	15.24	0.31
		2-02-25	气象工程技术人员	5	2.46	0.05
		2-02-26	地震工程技术人员	1	0.49	0.01
		2-02-27	环境保护工程技术人员	44	21.63	0.43
		2-02-28	安全工程技术人员	63	30.97	0.62
		2-02-29	标准化、计量、质量和认证认可工程技术人员	45	22.12	0.44
		2-02-30	管理（工业）工程技术人员	120	59.00	1.18
		2-02-31	检验检疫工程技术人员	1	0.49	0.01
		2-02-32	制药工程技术人员※	51	22.30	0.45
		2-02-33	印刷复制工程技术人员	15	7.37	0.15
		2-02-34	工业（产品）设计工程技术人员	75	36.87	0.74
		2-02-35	康复辅具工程技术人员	2	0.98	0.02
		2-02-36	轻工工程技术人员	27	13.27	0.27
		2-02-37	土地整治工程技术人员※※	0	0.47	0.01
	农业技术人员	2-03-01	土壤肥料技术人员※※	0	5.70	0.11
		2-03-02	农业技术指导人员	1	0.49	0.01
		2-03-03	植物保护技术人员※※	0	5.92	0.12
		2-03-04	园艺技术人员	3	1.47	0.03
		2-03-05	作物遗传育种栽培技术人员※※	0	3.41	0.07
		2-03-06	兽医兽药技术人员	5	2.46	0.05
		2-03-07	畜牧与草业技术人员	1	0.49	0.01
		2-03-08	水产技术人员	1	0.49	0.01
		2-03-09	农业工程技术人员	1	0.49	0.01

（续表）

大类名称	中类名称	小类编码	小类名称	样本量	测算值/万人	占比/%
专业技术人员中的科技工作者	飞机和船舶技术人员	2-04-01	飞行人员和领航人员	6	2.95	0.06
		2-04-02	船舶指挥和引航人员	7	3.44	0.07
	卫生专业技术人员	2-05-01	临床和口腔医师※	119	328.50	6.59
		2-05-02	中医医师※	53	38.51	0.77
		2-05-03	中西医结合医师※	27	19.62	0.39
		2-05-04	民族医医师※	14	10.17	0.20
		2-05-05	公共卫生与健康医师※	33	11.80	0.24
		2-05-06	药学技术人员※	65	49.67	1.00
		2-05-07	医疗卫生技术人员※	134	56.06	1.12
		2-05-08	护理人员※	125	470.87	9.44
		2-05-09	乡村医生※	11	79.55	1.59
	经济和金融专业人员中的科技工作者	2-06-10	保险专业人员	139	68.34	1.37
		2-06-12	知识产权专业人员	5	2.46	0.05
	法律、社会和宗教专业人员中的科技工作者	2-07-05	司法鉴定人员	12	5.90	0.12
	自然科学教学人员	2-08-01	自然科学高等教育教师※	296	94.36	1.89
		2-08-02	自然科学中等职业教育教师※	196	34.70	0.70
		2-08-03	自然科学中小学教育教师※	942	524.59	10.52
技术技能人员中的科技工作者	农林牧渔业生产及辅助人员中的科技工作者	5-01-01	作物种子（苗）繁育生产人员	1	0.49	0.01
		5-02-01	林木种苗繁育人员	1	0.49	0.01
		5-03-01	畜禽种苗繁育人员※※	0	1.56	0.03
		5-04-01	水产苗种繁育人员	7	3.44	0.07
		5-04-02	农业生产服务人员	99	48.67	0.98

（续表）

大类名称	中类名称	小类编码	小类名称	样本量	测算值/万人	占比/%
技术技能人员中的科技工作者	农林牧渔业生产及辅助人员中的科技工作者	5-05-02	动植物疫病防治人员※※	0	23.60	0.47
		5-05-03	农村能源利用人员※※	0	6.19	0.12
		5-05-05	农机化服务人员※※	0	2.31	0.05
	采矿业人员中的科技工作者	6-16-01	矿物采选人员	3	1.47	0.03
		6-16-02	石油和天然气开采与储运人员	3	1.47	0.03
	制造业人员中的科技工作者	6-01-01	粮油加工人员	8	3.93	0.08
		6-01-03	制糖人员	1	0.49	0.01
		6-02-04	乳制品加工人员	4	1.97	0.04
		6-02-06	酒、饮料及精制茶制造人员	7	3.44	0.07
		6-03-01	烟叶初加工人员	1	0.49	0.01
		6-04-01	纤维预处理人员	1	0.49	0.01
		6-04-02	纺纱人员	1	0.49	0.01
		6-04-03	织造人员	1	0.49	0.01
		6-04-06	印染人员	1	0.49	0.01
		6-05-01	纺织品和服装剪裁缝纫人员	12	5.90	0.12
		6-06-04	家具制造人员	79	38.84	0.78
		6-07-01	制浆造纸人员	8	3.93	0.08
		6-08-01	印刷人员	8	3.93	0.08
		6-09-03	工艺美术品制造人员	4	1.97	0.04
		6-10-01	石油炼制生产人员	4	1.97	0.04
		6-10-02	炼焦人员	1	0.49	0.01
		6-10-03	煤化工生产人员	29	14.26	0.29
		6-11-01	化工产品生产通用工艺人员	5	2.46	0.05
		6-11-02	基础化学原料制造人员	3	1.47	0.03
		6-11-03	化学肥料生产人员	1	0.49	0.01

（续表）

大类名称	中类名称	小类编码	小类名称	样本量	测算值/万人	占比/%
技术技能人员中的科技工作者	制造业人员中的科技工作者	6-11-04	农药生产人员	1	0.49	0.01
		6-11-05	涂料、油墨、颜料及类似产品制造人员	1	0.49	0.01
		6-11-10	日用化学品生产人员	5	2.46	0.05
		6-12-01	化学药品原料药制造人员	96	47.20	0.95
		6-12-02	中药饮片加工人员	1	0.49	0.01
		6-12-03	药物制剂人员	1	0.49	0.01
		6-13-02	化学纤维纺丝及后处理人员	66	32.45	0.65
		6-15-01	水泥、石灰、石膏及其制品制造人员	4	1.97	0.04
		6-15-03	玻璃及玻璃制品生产加工**	0	0.49	0.01
		6-15-04	玻璃纤维及玻璃纤维增强塑料制品制造人员	1	0.49	0.01
		6-15-05	陶瓷制品制造人员	2	0.98	0.02
		6-17-01	炼铁人员	1	0.49	0.01
		6-17-02	炼钢人员	1	0.49	0.01
		6-17-05	重有色金属冶炼人员	1	0.49	0.01
		6-17-06	轻有色金属冶炼人员	1	0.49	0.01
		6-17-09	金属轧制人员	95	46.71	0.94
		6-17-10	硬质合金生产人员	1	0.49	0.01
		6-18-01	机械冷加工人员	84	41.30	0.83
		6-18-02	机械热加工人员	6	2.95	0.06
		6-18-04	工装工具制造加工人员	1	0.49	0.01
		6-20-01	通用基础件装配制造人员	1	0.49	0.01
		6-20-02	锅炉及原动设备制造人员	9	4.42	0.09
		6-20-03	金属加工机械制造人员	3	1.47	0.03

（续表）

大类名称	中类名称	小类编码	小类名称	样本量	测算值/万人	占比/%
技术技能人员中的科技工作者	制造业人员中的科技工作者	6-20-04	物料搬运设备制造人员	1	0.49	0.01
		6-20-05	泵、阀门、压缩机及类似机械制造人员	24	11.80	0.24
		6-20-06	烘炉、衡器、水处理等设备制造人员	2	0.98	0.02
		6-21-01	采矿、建筑专用设备制造人员	38	18.68	0.37
		6-21-02	印刷生产专用设备制造人员	49	24.09	0.48
		6-21-04	电子专用设备装配调试人员	120	59.00	1.18
		6-21-05	农业机械制造人员	20	9.83	0.20
		6-21-06	医疗器械制品和康复辅具生产人员	6	2.95	0.06
		6-22-01	汽车零部件、饰件生产加工人员	155	76.20	1.53
		6-22-02	汽车整车制造人员	2	0.98	0.02
		6-23-01	轨道交通运输设备制造人员	18	8.85	0.18
		6-23-02	船舶制造人员	12	5.90	0.12
		6-23-03	航空产品装配、调试人员	1	0.49	0.01
		6-24-01	电机制造人员	21	10.32	0.21
		6-24-02	输配电及控制设备制造人员	25	12.29	0.25
		6-24-03	电线电缆、光纤光缆及电工器材制造人员	6	2.95	0.06
		6-25-01	电子元件制造人员	1	0.49	0.01
		6-25-02	电子器件制造人员	2	0.98	0.02
		6-25-03	计算机制造人员	3	1.47	0.03
		6-25-04	电子设备装配调试人员	74	36.38	0.73
		6-26-01	仪器仪表装配人员※	26	13.98	0.28

（续表）

大类名称	中类名称	小类编码	小类名称	样本量	测算值/万人	占比/%
技术技能人员中的科技工作者	电力、热力、燃气及水生产和供应业人员中的科技工作者	6-28-01	电力、热力生产和供应人员	45	22.12	0.44
		6-28-02	气体生产、处理和输送人员	1	0.49	0.01
		6-28-03	水生产、输排和水处理人员	3	1.47	0.03
	建筑业人员中的科技工作者	6-29-01	房屋建筑施工人员	37	18.19	0.36
		6-29-02	土木工程建筑施工人员	27	13.27	0.27
		6-29-03	建筑安装施工人员	44	21.63	0.43
	其他生产制造业人员中的科技工作者	6-29-05	古建筑修建人员	1	0.49	0.01
		6-30-02	轨道交通运输机械设备操作人员	6	2.95	0.06
		6-30-03	民用航空设备操作及有关人员	1	0.49	0.01
		6-30-05	通用工程机械操作人员	19	9.34	0.19
		6-30-99	其他运输设备和通用工程机械操作人员及有关人员	21	10.32	0.21
		6-31-01	机械设备修理人员	38	18.68	0.37
		6-31-02	船舶、民用航空器修理人员	83	40.81	0.82
		6-31-03	检验试验人员	2	0.98	0.02
社会生产生活服务中的科技工作者	安全和消防人员中的科技工作者	3-02-03	消防和应急救援人员	16	7.87	0.16
	交通运输、仓储和邮政业服务人员中的科技工作者	4-02-01	轨道交通运输服务人员	35	17.21	0.34
		4-02-02	道路运输服务人员	90	44.25	0.89
		4-02-04	航空运输服务人员※	32	10.30	0.21
		4-02-06	仓储人员	152	74.73	1.50

（续表）

大类名称	中类名称	小类编码	小类名称	样本量	测算值/万人	占比/%
社会生产生活服务中的科技工作者	信息传输、软件和信息技术服务人员中的科技工作者	4-04-02	信息通信网络维护人员	228	112.09	2.25
		4-04-04	信息通信网络运行管理人员	15	7.37	0.15
		4-04-03	广播电视传输服务人员	1	0.49	0.01
		4-04-05	软件和信息技术服务人员	430	211.40	4.24
	房地产服务人员中的科技工作者	4-06-01	物业管理服务人员	186	91.44	1.83
	租赁和商务服务人员中的科技工作者	4-07-02	商务咨询服务人员	12	5.90	0.12
		4-07-05	安全保护服务人员	1	0.49	0.01
	技术辅助服务人员中的科技工作者	4-08-01	气象服务人员**	0	0.29	0.01
		4-08-02	海洋服务人员**	0	4.92	0.10
		4-08-03	测绘服务人员	14	6.88	0.14
		4-08-05	检验、检测和计量服务人员	59	29.01	0.58
		4-08-06	环境监测服务人员	15	7.37	0.15
		4-08-07	地质勘查人员	2	0.98	0.02
		4-08-08	专业化设计服务人员	195	95.87	1.92
	水利、环境和公共设施管理服务人员中的科技工作者	4-09-01	水利设施管养人员	2	0.98	0.02
		4-09-02	水文服务人员	27	13.27	0.27
		4-09-07	环境治理服务人员	1	0.49	0.01
		4-09-09	有害生物防制人员**	0	12.01	0.24
	居民服务人员中的科技工作者	4-10-04	保健服务人员	62	30.48	0.61
	修理及制作服务人员中的科技工作者	4-12-01	汽车摩托车修理技术服务人员	12	5.90	0.12
		4-12-02	计算机和办公设备维修人员	4	1.97	0.04

（续表）

大类名称	中类名称	小类编码	小类名称	样本量	测算值/万人	占比/%
社会生产生活服务中的科技工作者	文化、体育和娱乐服务人员中的科技工作者	4-13-04	健身和娱乐场所服务人员	97	47.69	0.96
		4-13-05	文化、娱乐、体育经纪代理人员	5	2.46	0.05
		4-13-99	其他文化、体育和娱乐服务人员	3	1.47	0.03
	健康服务人员中的科技工作者	4-14-02	健康咨询服务人员	2	0.98	0.02
		4-14-03	康复矫正人员	4	1.97	0.04
	其他社会生产和生活服务人员	4-99-00	其他社会生产和生活服务人员	1	0.49	0.01
				8 543	4 987.78	100

注：标记※的职业小类表示数据通过官方数据来源查询获得；标记※※的职业小类表示数据通过典型调查获得；其他未做标记的职业小类数据通过抽样调查样本测算得到。中医医师、中西医结合医师、民族医医师根据样本比例关系拆分得到。其中抽样调查为2020年5月数据，其他数据为2020年底数据，部分未能获得2020年数据的用2019年数据替代。

二、离退休科技工作者数量

根据《2020年度人力资源和社会保障事业发展统计公报》①，截至2020年末，全国就业人口75 064万人，离退休人员总数为12 762万人。离退休人员占就业人口总数的17.00%。

① 人力资源和社会保障部官网. 2020年度人力资源和社会保障事业发展统计公报[EB/OL]. http://www.mohrss.gov.cn/xxgk2020/fdzdgknr/ghtj/tj/ndtj/202106/t20210604_415837.html[2022-08-01].

假设科技工作者中离退休人员与在岗人员的比例与全社会情况相同，则根据上述计算，截至 2020 年底，我国科技工作者总量为 4 987.78 万人，离退休人员与在岗科技工作者的比例为 0.170，则离退休科技工作者总数为 848.00 万人。

三、我国科技工作者总量

综上，截至 2020 年底，我国科技工作者在职人员总数为 4 987.78 万人。如果将离退休科技工作者总数为 848.00 万人计算在内，则截至 2020 年底，我国拥有科技工作者 5 835.78 万人。

第二节　我国科技工作者的结构分析

科学的人才结构是推进历史、社会进步的最根本保障。合理科学的科技工作者队伍结构是发挥其有效支撑科技发展作用的重要保障之一。了解科技工作者的结构特点，是进一步了解科技工作者队伍整体情况的重要方面，也是深入了解这一群体必不可少的环节。

一、基于职业分类的结构分析

根据我国科技工作者的职业类型研究，我国科技工作者共包含 4

个大类，27 个中类，187 个职业小类。由于“军人中的科技工作者”职业大类的特殊性，在总量和结构测算中均不考虑。因此基于职业分类的科技工作者结构分析主要是对 3 个职业大类、26 个职业中类和 186 个职业小类展开。

1. 职业小类

在 186 个职业小类中，超过一半（104 个）职业小类的科技工作者数量占科技工作者总量的 0.01%—0.1%之间（见表 4-1）。自然科学中小学教育教师、护理人员、信息和通信工程技术人员、临床和口腔医师 4 个职业小类占比大于 5%，分别为 10.52%、9.44%、8.72%和 6.59%。16 个职业小类的科技工作者数量占总量的比例为 1%—5%之间，包括电子工程技术人员、软件和信息技术服务人员、建筑工程技术人员、机械工程技术人员、信息通信网络维护人员、专业化设计服务人员、自然科学高等教育教师、物业管理服务人员、乡村医生、汽车零部件、饰件生产加工人员、仓储人员、保险专业人员、电气工程技术人员、管理（工业）工程技术人员、电子专用设备装配调试人员、医疗卫生技术人员；20 个职业小类的科技工作者数量占总量的比例为 0.5%—1%，51 个职业小类为 0.1%—0.5%，53 个为 0.01%—0.1%，还有 42 个职业小类不足 0.01%（见图 4-1）。

可见，科技工作者的职业类型分布存在着小类集聚的特点，占比排名前十的职业小类（自然科学中小学教育教师、护理人员、信息和通信工程技术人员、临床和口腔医师、电子工程技术人员、软件和

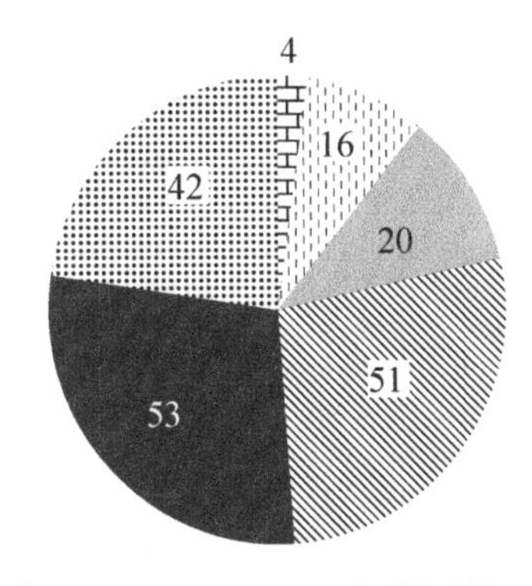

图 4-1 不同职业小类科技工作者占总量比例的分布情况

信息技术服务人员、建筑工程技术人员、机械工程技术人员、信息通信网络维护人员、专业化设计服务人员）占科技工作者总量的53.87%。

2. 职业中类

在 26 个职业中类中，工程技术人员数量最多，为 1 414.23 万人，占科技工作者总量的 28.35%，其次为卫生专业技术人员 1 064.75 万人，占比为 21.35%，另外两个占比超过 10%的职业中类为自然科学教学人员和制造业人员中的科技工作者，分别为 653.65 万人（占比为 13.10%）和 575.42 万人（占比为 11.54%）；占比不足 0.1%的职业中类有 3 个，分别是采矿业人员中的科技工作者（占比为 0.06%），健康服务人员中的科技工作者（占比为 0.06%）、其他社会生产和生活服务人员（占比为 0.01%）（见表 4-2 和图 4-2）。

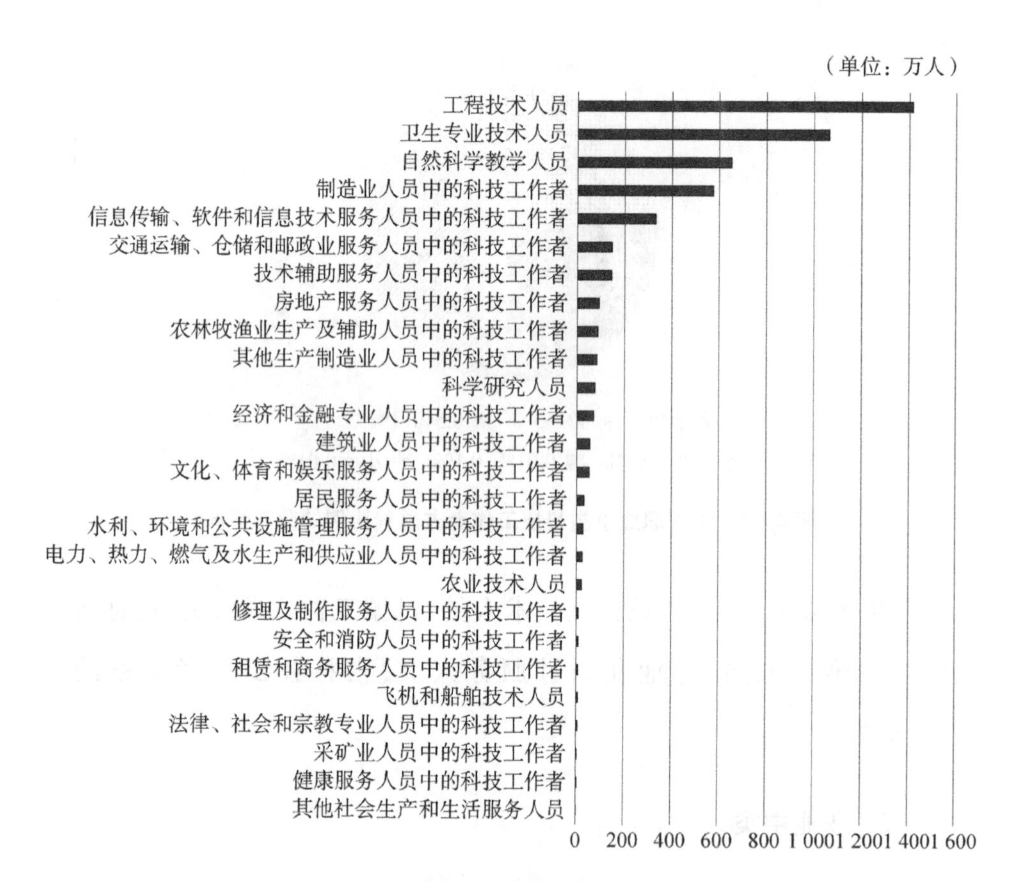

图 4－2　不同职业中类科技工作者数量

表 4－2　不同职业中类科技工作者数量与占比情况

中类名称	人数/万人	占比/%
工程技术人员	1 414.23	28.35
卫生专业技术人员	1 064.75	21.35
自然科学教学人员	653.65	13.10
制造业人员中的科技工作者	575.42	11.54
信息传输、软件和信息技术服务人员中的科技工作者	331.36	6.64

（续表）

中类名称	人数/万人	占比/%
交通运输、仓储和邮政业服务人员中的科技工作者	146.48	2.94
技术辅助服务人员中的科技工作者	145.32	2.91
房地产服务人员中的科技工作者	91.44	1.83
农林牧渔业生产及辅助人员中的科技工作者	86.76	1.74
其他生产制造业人员中的科技工作者	83.58	1.68
科学研究人员	75.71	1.52
经济和金融专业人员中的科技工作者	70.80	1.42
建筑业人员中的科技工作者	53.59	1.07
文化、体育和娱乐服务人员中的科技工作者	51.62	1.03
居民服务人员中的科技工作者	30.48	0.61
水利、环境和公共设施管理服务人员中的科技工作者	26.76	0.54
电力、热力、燃气及水生产和供应业人员中的科技工作者	24.09	0.48
农业技术人员	20.93	0.42
修理及制作服务人员中的科技工作者	7.87	0.16
安全和消防人员中的科技工作者	7.87	0.16
租赁和商务服务人员中的科技工作者	6.39	0.13
飞机和船舶技术人员	6.39	0.13
法律、社会和宗教专业人员中的科技工作者	5.90	0.12
采矿业人员中的科技工作者	2.95	0.06
健康服务人员中的科技工作者	2.95	0.06
其他社会生产和生活服务人员	0.49	0.01
总计	4 987.78	100

3. 职业大类

在3个职业大类中，科技工作者主要分布在“专业技术人员中的科技工作者”职业大类，共有3 312.36万人，占总量的66.41%；在“社会生产生活服务中的科技工作者”和“技术技能人员中的科技工作者”两个大类中，科技工作者数量大体相当，分别为849.03万人和826.39万人，占比分别为17.02%和16.57%（见图4-3）。

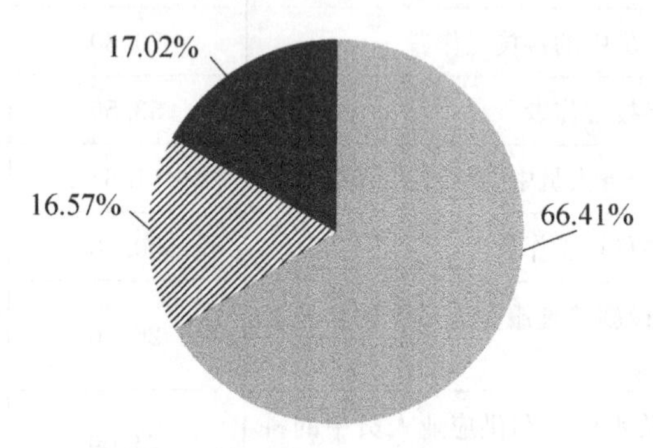

图4-3　科技工作者在不同职业大类中的分布

从科技工作者职业大类分布情况可以看出，我国科技工作者大部分为专业技术人员，属于较高层次的劳动力。若根据第七次全国人口普查数据推算，2020年我国专业技术人员总量为7 823.40万人，则科技工作者占比高达63.75%，说明我国专业技术人员中广泛存在科技工作者。

二、基于抽样调查的结构分析

本书实施的抽样调查共收集到 8 543 份科技工作者调查问卷。剔除部分信息不全的样本，共得到基本属性信息完整的科技工作者调查问卷 8 525 份。基于 8 525 份信息完整的科技工作者调查问卷反映的信息，对我国科技工作者的人口学特征和社会学特征开展结构分析。由于样本数量约占我国科技工作者总量的 0.02%，结构分析仅代表样本科技工作者的结构状况。但从科技工作者的自身特点和调查设计整体考虑的角度出发，也可将此作为全国科技工作者结构状况的有效参考。

1. 性别年龄分布

从 8 525 个科技工作者样本中性别统计数据来看，男性为 4 075 人，女性为 4 450 人，男女比例为 1∶1.092，呈现性别比例较为均衡的特点(见表 4－3)。

表 4－3　性别分布情况

性别	人数	百分比/%
男	4 075	47.80
女	4 450	52.20

构建性别-年龄结构金字塔中，以每 5 岁为一个年龄组，分别统计各年龄组男性和女性人数在样本总数中的比例，可以发现科技工作者

在26—30岁、21—25岁年龄组人数较多,在高龄组和低龄组人数较少,呈现明显的年轻化特征(见图4-4)。

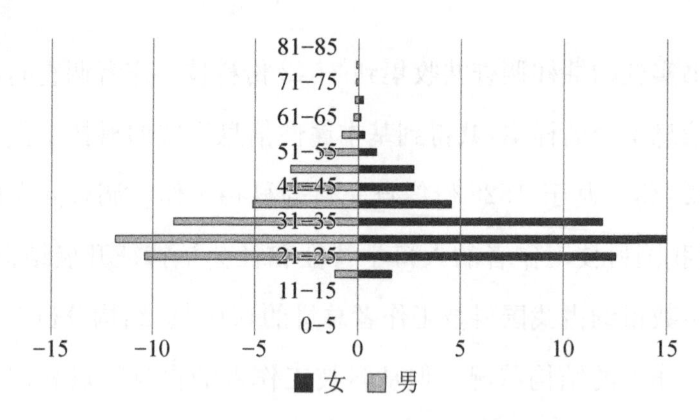

图4-4 性别-年龄结构金字塔

2. 学历结构

调查数据显示,科技工作者学历以本科为主,具有本科学历的科技工作者占64%,其次为专科,占14%,再次为研究生,占13%,高中、中专、职高和初中及以下学历占比不到10%(见图4-5)。根据第七次全国人口普查数据,我国就业人口中以初中学历为主,为42.64%,专科学历为11.62%,本科学历为9.96%,研究生学历为1.25%。科技工作者学历结构情况与全国就业人口学历层次情况相比较可以看出,我国科技工作者的受教育水平普遍较高。这与科技工作者从事工作的特点密切相关。因为科技工作者以科技工作为职业,在劳动力中属于具有较高素质的劳动力,也要求掌握相当的科技知识和具备较高的科学素养,这就需要较高的教育水平来实现。

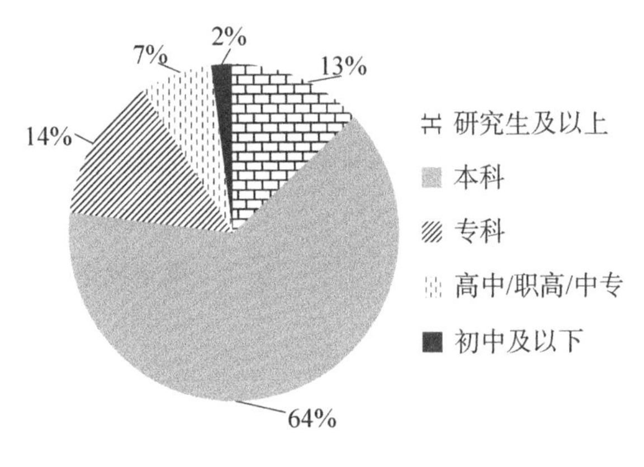

图 4-5　学历分布情况

3. 职称结构

调查数据显示，近 30%科技工作者无职称或不知道职称，其余 70.03%科技工作者明确了解自己的职称情况，且初级职称占比为 25.07%，中级职称人数最多，约占科技工作者总量的三分之一，高级职称占 12.47%(见图 4-6)。由于职称是专业技术水平、能力和成果的等级称号，是反映专业技术人员的技术水平、工作能力的标志，调查样本中科技工作者的职称获取处于较高比例，一方面说明科技工作者整体专业技术水平属于较高水平，也反映了科技工作者职业评价中职称作为重要评价标准的存在。

4. 就业身份结构

调查数据显示，绝大多数科技工作者有固定雇主，占比达到 78.21%。其次为自由职业者，占 17.03%，自己做雇主/老板的占 4.76%(见图 4-7)。随着我国社会经济的不断发展，新经济形式、新

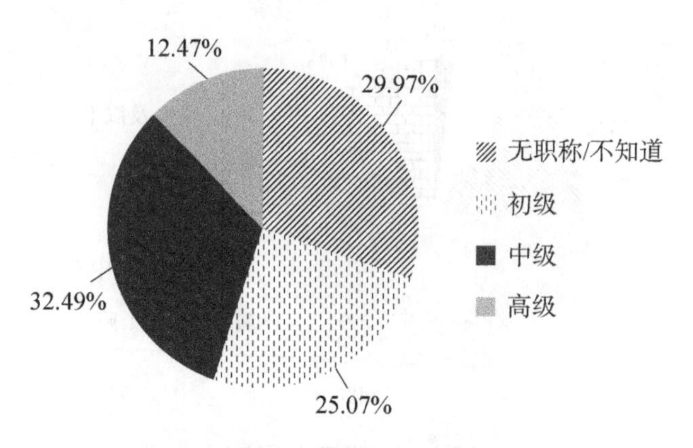

图 4-6　专业职称分布情况

业态不断涌现，随之而来的新职业类型也日益增加，但从调查数据来看，我国科技工作者就业身份中仍以相对稳定的工作岗位为主，对各类人员特别是新形势下涌现出来的新职业类型应给予更多关注。

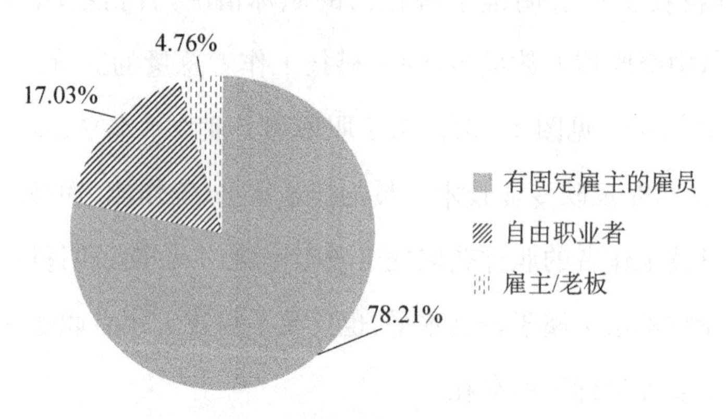

图 4-7　就业身份分布情况

5. 就业地区分布结构

在已有的研究样本中，呈现出科技工作者在经济发达地区分布较多的特点。如科技工作者样本数量分布超过 1 000 的省份为北京、上海、广东、山东、江苏，其次为四川、湖北、河南等经济大省。以市级行政单元为维度进行统计，可以发现，科技工作者样本在普通地级市中有3485个，占40.88%，其次为直辖市，为2581个，占30.28%，在计划单列市和其他副省级城市中有2435个，占28.56%，其余0.28%分布在县级市中（见表4－4）。

表4－4　就职地区频数分布表

<table>
<tr><th colspan="3">行政划分</th><th>数量</th><th>百分比/%</th></tr>
<tr><td colspan="3">直辖市</td><td>2581</td><td>30.28</td></tr>
<tr><td rowspan="3">地级市</td><td rowspan="2">副省级城市</td><td>计划单列市</td><td>488</td><td>5.72</td></tr>
<tr><td>其他副省级城市</td><td>1947</td><td>22.84</td></tr>
<tr><td colspan="2">其他地级市</td><td>3485</td><td>40.88</td></tr>
<tr><td colspan="3">县级市</td><td>24</td><td>0.28</td></tr>
</table>

第三节　知识应用与自我认知状况分析

为了进一步了解科技工作者知识应用和身份自我认知的情况，调查问卷中不仅涉及了科技工作者的性别、年龄等基本信息，还包括了知识应用、自我认知等职业信息。这样既能在客观层面掌握科技工作者的分布情况，还能够掌握科技工作者对自身科技知识应用和自我评价等主观认知情况，从而全面掌握科技工作者的结构分布特征。

一、知识应用情况分析

将科技工作者的工作内容与“科学技术”相关情况进行调查，按照应用科学技术方式不同，分为“进行科学研究”“开展技术研发”“讲授科学技术知识”“宣传科学技术知识”“技术与技能应用”“应用科学技术知识开展相关工作”五个方面。从整体来看，科技工作者工作中“技术与技能应用”的占比最高，达到 55.72%，其次是“开展技术研发”和“应用科学技术知识开展相关工作”，分别占 25.97%和 24.96%（见图 4-8）。

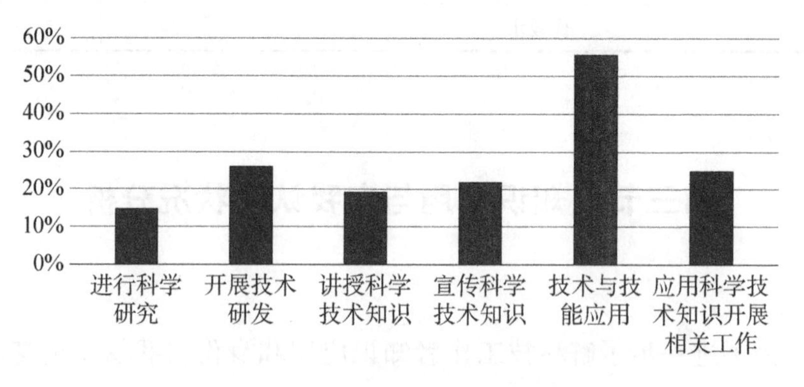

图 4-8　科技工作者所学知识应用情况

1. 性别与知识应用

整体来看，男性和女性在知识应用方面显示出与整体相似的特征，即“技术与技能应用”的占比最高，男性和女性均超过 50%，分别为 62%和 50%。但知识应用的不同形式方面显示出性别差异。如“开展技术研发”和“技术与技能应用”方面，男性占比明显高于女性，分别高7个百分点和12个百分点，女性则在“讲授科学技术知识”“宣传科学技术知识”占优势，二者均高出男性6个百分点（见图4-9）。

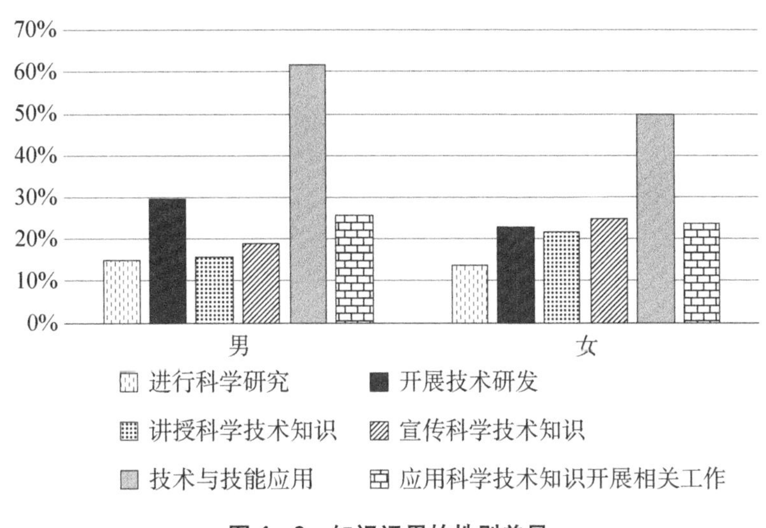

图4-9　知识运用的性别差异

2. 学历与知识应用

随着学历提升，科技工作者知识应用的能力和水平呈现提高态势，知识应用的方式也呈现多样化发展。在不同学历科技工作者之间进行比较，研究生学历科技工作者主要通过“进行科学研究”“开展技术研发”“讲授科学技术知识”“宣传科学技术知识”“应用科学技术知识开展相关工作”五个方面开展科学技术知识应用活动，这五个方面活动占比均高于其他学历科技工作者。所有学历科技工作者都以“技术与技能应用”作为主要的知识应用方式，人数占比最高，基本达到一半以上的水平，其中，本科学历科技工作者最高，初中及以下学历者次之，专科学历者位列第三。尽管“技术与技能应用”是所有学历科技工作者最主要的知识应用方式，不同学历科技工作者运用科学技术知识的方式依然有所不同。本科和研究生学历科技工作者中“开展技术开发”是位列第二的知识应用方式，专科和高中/中专/职高学历科技工作者则更多选择“宣传科学技术知识”。研究生学历科技工作者在“进行科学研究”和“应用科学技术知识开展相关工作”方面有更高比例的人员投入（见图4-10）。

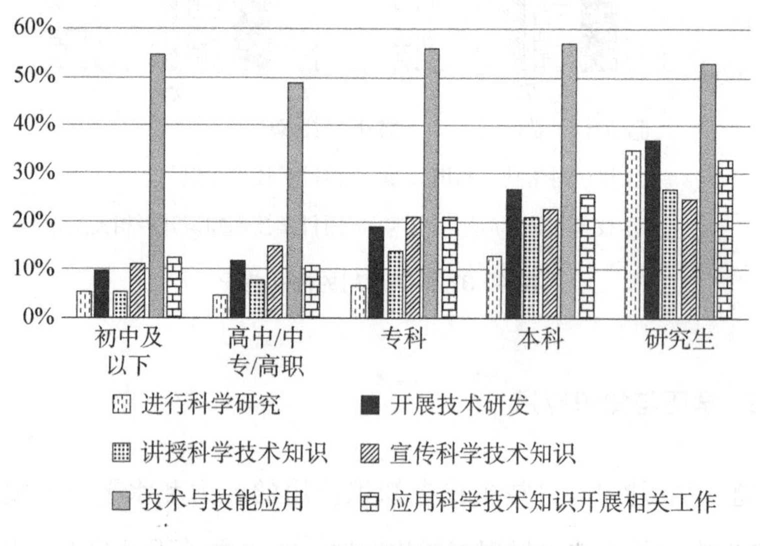

图4-10 知识应用的学历差异

3. 职称与知识应用

不同职称科技工作者均将“技术与技能应用”作为科学技术知识应用的最主要方式，但不同职称间依然存在差异。中级和高级职称科技工作者将“开展技术研发”作为知识应用的第二重要方式，且人数占比远高于另外三种方式。对于初级职称科技工作者“应用科学技术知识开展相关工作”位列第二，且与“开展技术研发”与“讲授科学技术知识”“应用科学技术知识开展相关工作”人数占比相当(见图 4-11)。

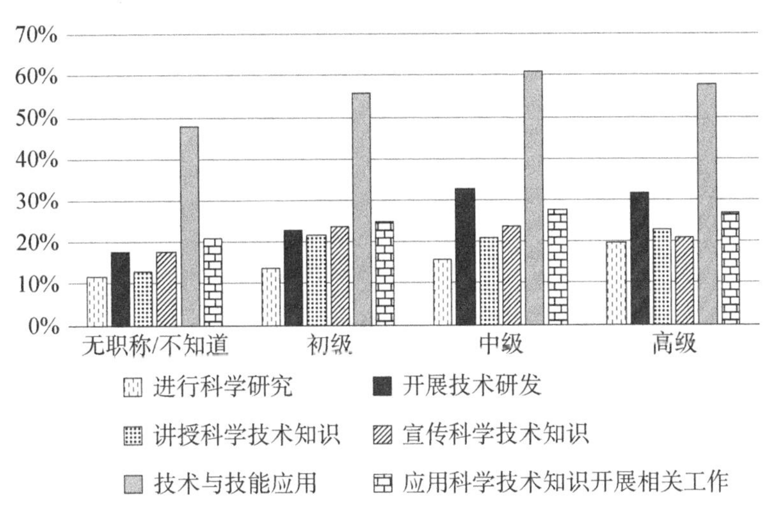

图 4-11　知识应用的专业职称差异

二、自我认知状况分析

由于科技工作者的概念内涵特点，界定科技工作者不仅是学术界的难题，对于部分从事科技活动的科技人员来说，判断自己是否是科技工作者，也是有一定难度的。为了解科技工作者对自我身份的认知情况，调查组专门设计第 15 题“您认为自己是一名科技工作者吗?”，根据科技工作者的回答情况了解科技工作者对自身职业的自我认知情况。

调查数据显示，科技工作者回答“肯定是”，明确认识到自己科技工作者身份的为 1 116 人，占比 13.09%，回答“算是吧”，基本认同自己科技工作者身份的人数最多，为 3 983 人，占比 46.72%。明确认为自己“不是”科技工作者的人数为 3 035 人，占比高达 35.60%，回答“不知道”的人数为 391 人，占 4.59%（见表 4－5）。整体来看，选择“不是”或“不知道”的科技工作者占比超过 40%，反映出我国科技工作者对个体身份认同还不够强，明确认知到自己科技工作者身份的比例还处于较低水平。

表 4－5　科技工作者自我认知情况

自我认知情况	人数	比例/%
肯定是	1116	13.09
算是吧	3983	46.72
不是	3035	35.60
不知道	391	4.59

为了进一步了解科技工作者自我认知的群组间差异性特征，对不同职业、不同教育水平、不同职称水平三个方面进行分析。为了便于进行数据处理和分析，将回答“肯定是”和“算是吧”科技工作者合并为明确认知自己“是”科技工作者，回答“不是”和“不知道”的科技工作者分别为两个认知分类。

1. 不同职业差异

整体来看，科技工作者认为自己是科技工作者的比例为 59.8%，而“教育、卫生等专业技术人员”“工程技术人员”“制造业从业人员”三个大类的自我认知为科技工作者的比重均超过 60%，其中工程技术人员自我认知比例最高，达到78.3%。“其他从业人员”自我认知为科技工作者的比例明显低于平均水平。卡方检验 P 值为0.000，即科技工作者自我认知与职业之间显著相关(见表4－6)。

表4－6　不同职业科技工作者的自我认知情况

是否认为自己是科技工作者	教育、卫生等专业技术人员	工程技术人员	制造业从业人员	其他从业人员	合计
是	1204.0	2070.0	762.0	1063.0	5099.0
	60.3	78.3	62.3	40.0	59.8
不是	693.0	492.0	408.0	1442.0	3035.0
	34.7	18.6	33.3	54.2	35.6
不知道	100.0	83.0	54.0	154.0	391.0
	5.0	3.1	4.4	5.8	4.6
合计	1997.0	2645.0	1224.0	2659.0	8525.0
	100.0	100.0	100.0	100.0	100.0
P 值	0.000				

进一步分析调查数据可以发现，教育、卫生等专业技术人员中认为自己不属于科技工作者的人群主要集中在中小学教师。同时，考虑到制造业从业人员中有33.3%的人认为自己不是科技工作者，原因可能是在中小学自然科学教育工作岗位和部分制造业相关工作岗位上的科技工作者意识中，由于所从事的工作并非与高精尖类科技相关，就没有将自己从事的职业与科学技术相联系，从而造成认知偏差。

2. 不同受教育水平差异

随着受教育水平的提高，科技工作者对于身份的自我认知水平也随之提高。调查数据显示，初中及以下学历科技工作者认同自己科技工作者身份的比例仅为24.7%，在所有受教育群体分类中处于最低水平，学历水平达到高中/中专/职高水平的科技工作者这一比例提高到36.4%，专科为50.9%，本科为62.7%，研究生则高达73.2%（见表4-7）。

表4-7 不同教育水平科技工作者的自我认知情况

是否认为自己是科技工作者	初中及以下	高中/中专/职高	专科	本科	研究生	合计
是	42.0	220.0	593.0	3428.0	816.0	5099.0
	24.7	36.4	50.9	62.7	73.2	59.8
不是	104.0	328.0	522.0	1824.0	257.0	3035.0
	61.2	54.2	44.8	33.3	23.0	35.6
不知道	24.0	57.0	50.0	218.0	42.0	391.0
	14.1	9.4	4.3	4.0	3.8	4.6
合计	170.0	605.0	1165.0	5470.0	1115.0	8525.0
	100.0	100.0	100.0	100.0	100.0	100.0
*P*值	0.000					

在现实社会生活中，通常随着受教育程度提高，运用科学技术知识的能力和水平也在提高，相应地对科学技术知识的理解能力也有所提高，因此科技工作者随着受教育水平的提高对自己这一身份的自我认知水平有所提高。

3. 专业技术职称差异

与受教育程度不同群体的整体情况相同，科技工作者对自我身份的认知随着专业技术职称的提高而提高。无职称/不知道自己职称情况的科技工作者中认为“自己是科技工作者”的比例最低，占 43.3%，初级职称的科技工作者占比 59.5%，中级职称科技工作者上升到 70.5%，高级职称科技工作者中达到 72.2%（见表 4-8）。值得注意的是，尽管中高级职称的科技工作者自我认知正确的比例已经达到较高水平，但“不知道”自己是科技工作者的比例依然占 20%以上，说明尽管处于知识的较高水平，但对于科技工作者这一身份的认同依然存在偏差。

表 4-8　不同专业技术职称科技工作者的自我认知情况

是否认为自己是科技工作者	无职称/不知道	初级	中级	高级	合计
是	1 108.0	1 271.0	1 953.0	767.0	5 099.0
	43.4	59.5	70.5	72.2	59.8
不是	1 259.0	780.0	737.0	259.0	3 035.0
	49.3	36.5	26.6	24.4	35.6
不知道	188.0	86.0	80.0	37.0	391.0
	7.4	4.0	2.9	3.5	4.6
合计	2 555.0	2 137.0	2 770.0	1 063.0	8 525.0
	100.0	100.0	100.0	100.0	100.0
P 值	0.000				

本章小结

通过官方渠道数据查询、抽样调查、典型调查三种方式对我国科技工作者 186 个职业小类进行测算，并加总得到我国科技工作者总量。基于上述测算结果，对我国科技工作者总量、结构等情况进行讨论分析。

截至 2020 年底，我国科技工作者在职人员总量为 4 987.78 万人。如果将离退休科技工作者为 848.00 万人计算在内，截至 2020 年底，我国拥有科技工作者 5 835.78 万人。

从职业类型[①]角度来看，对我国科技工作者 3 个职业大类、26 个职业中类和 186 个职业小类进行分析可以发现，科技工作者在不同职业类型中的分布呈现部分集聚的特点。在职业大类层面，科技工作者在“专业技术人员中的科技工作者”职业大类中分布最多，约占总量的三分之二，另外两个职业大类“社会生产生活服务中的科技工作者”和“技术技能人员中的科技工作者”数量大体相当；在 26 个职业中类中，工程技术人员数量最多，其次为卫生专业技术人员、自然科学教学人员和制造业人员中的科技工作者，占比均超过 10%，以上排名前四位的职业中类约占总量的四分之三；在 186 个职业小类中，占比排名前十的职业小类（自然科学中小学教育教师、护理人员、信息和通信工程技术人员、临床和口腔医师、电子工程技术人员、软件和信息技术服务人员、建筑工程技术人员、机械工程技术人员、信息通信网络维护人员、专业化设计服务人员）占科技工作者总量的 53.87%，超过一半（104 个）职业小类的科技工作者数量占科技工作者总量的 0.01%—0.1%之间。

基于抽样调查数据得到的我国科技工作者的基本属性结构特点

① 由于“军人中的科技工作者”职业大类的特殊性，总量和结构分析中均未考虑。

可以发现，我国科技工作者性别比例较为均衡，年轻化特征明显；专业技术职称是科技工作者职业能力评价的重要参考，超过七成科技工作者十分明确自己的专业技术职称等级；我国科技工作者就业身份中仍以相对稳定的工作岗位为主，近八成科技工作者有固定雇主；从就业区域来看，科技工作者在经济发达地区分布较多，如北京、上海、广东、山东、江苏、四川、湖北、河南等经济大省。

调查数据显示，科技工作者工作知识运用方面处于较高水平，其中开展技术与技能应用的占比最高，达到55.72%。我国科技工作者对个体身份认同还不够强，明确认知到自己科技工作者身份的比例较低，但随着学历提升和专业技术职称的提高，对科技工作者这一身份的自我认同水平也将随之提高。

第五章

加强我国科技工作者队伍建设的政策思考

科技工作者是实现科技发展、科学进步、加快建设创新型国家的中坚力量，肩负着传播知识、传播文化、推进科学技术发展的重任，是实现国家科技自立自强的战略支撑。摸清科技工作者家底，了解科技工作者队伍建设的现状和存在问题，有利于党和国家掌握科技界情况，有针对性地提升科技工作者队伍的质量，为更好地服务科技工作者及制定相关政策提供决策支持。

第一节　我国科技工作者队伍建设现状与存在问题

分析我国科技工作者队伍发展的基本特征和规律，研究探讨其开发利用中可能存在的问题与不足，是科学制定教育、科技、人才政策的基础，也是有针对性地促进科技工作者队伍高质量发展的前提。

一、人才规模大，但人才密度低

截至 2020 年底，我国共有科技工作者 5 835.78 万人，其中在职科技工作者 4 987.78 万人，离退休科技工作者 848.00 万人。相当于全国每万就业人口中有 664 位科技工作者，在每万人口中有 414 位科技工作者，其中有 354 位在岗工作（见表 5-1）。

表 5-1　截至 2020 年底我国科技工作者总量及密度情况

	全国在岗科技工作者	全国离退休科技工作者	全国科技工作者总量
科技工作者人数/万人	4 987.78	848.00	5 835.78
	2020 年就业人口数	2020 年全国人口数	
全国人口/万人	75 064	140 977.9	
	全国每万就业人口中科技工作者人数	全国每万人口中在职科技工作者人数	全国每万人口中科技工作者人数
密度指标/(人/万人)	664.47	353.80	413.95

数据来源：《中国统计年鉴 2021》、第七次全国人口普查数据及作者计算

整体来看，我国科技工作者队伍呈现规模大，密度低的特点。目前，我国在职科技工作者数量占就业人口的比例为 6.64%，科技工作者占全国人口的比例为 4.14%。根据美国国家科学委员会发布的《美国科学与工程指标 2022》，截至 2019 年底，美国 STEM（科学、技术、工程和数学）劳动力总数为 3 609.4 万人，占美国劳动力总量的 23%，占全国总人口的比例约为 11%。可见我国科技工作者总量虽然高于美国，但人均水平明显低于美国。

二、不同职业类型的科技工作者数量不均衡

从职业类型角度测算科技工作者数据情况来看，科技工作者职业

类型集聚特点较为明显，数量分布不均衡。超过一半职业小类的科技工作者数量占科技工作者总量的0.01%—0.1%之间。占比排名前十的职业小类占科技工作者总量的53.87%。

尤其值得一提的是，农业相关职业类型人数偏少。我国科技工作者中与农业相关的科技工作者主要包括农业技术人员和农林牧渔业生产及辅助人员中的科技工作者2个职业中类，总量为107.69万人，仅占科技工作者总量的2.16%。特别是农业技术人员为20.93万人，在总量中的占比仅为0.42%。

农业相关的2个职业中类农业技术人员和农林牧渔业生产及辅助人员中的科技工作者分别包含9个和8个职业小类，职业小类数量占科技工作者职业小类总量的9.09%。从我国科技工作者职业相关数据获取情况来看，通过官方数据直接查询获取数据的有16个职业小类，其中没有农业相关职业小类；通过抽样调查方式获取的数据，只有10个职业小类得到了调查样本，在没有调查样本的12个职业小类中有7个是农业相关职业小类。

作为农业大国，我国拥有耕地面积19.179亿亩，仅次于美国和印度，居世界第三位。2020年，农业及相关产业增加值为166 900亿元，占GDP16.47%。习近平总书记在党的二十大报告中明确提出，全面推进乡村振兴，加快建设农业强国。这既展示了打造与我国大国地位相称的农业强国的信心与决心，也对未来农业发展提出了更高要求。农业现代化与高质量发展，离不开高水平人才，科技工作者在其中将发挥重要作用。目前在我国科技工作者职业类型中，农业相关人数少、比重低，且相关统计信息不完善，与我国未来农业发展和农业强国目标建设不匹配。

三、青年是我国科技工作者的主力军

通过抽样调查获得的科技工作者年龄结构数据可以看出，以每5岁为一个年龄组，21—25岁和26—30岁两个年龄段的科技工作者年龄组人数最多，高龄组和低龄组人数明显减少，突出显示了我国科技工作者年轻化特征。这也验证了我国科技人才队伍已经进入了青年为主体的时代。根据最新发布的《中国科技人力资源发展研究报告》，截至2019年底，在我国科技人力资源总量中，“39岁及以下”人群约占四分之三[①]。2017年开展的第四次全国科技工作者面上调查数据显示，参与调查的科技工作者平均年龄为35.9岁。[②] 在实际工作中，各行各业都活跃着大批优秀青年科技人才。如航天探月的嫦娥、神舟、北斗等科研团队，平均年龄都不超过35岁；潘建伟、施一公等研究团队的实验室骨干也都是“80后”“90后”。随着我国高等教育从大众化向普及化推进，高考录取率不断提升，高等教育本专科毕业生人数持续增加，将有更多青年人才补充到我国科技工作者队伍中来，使得我国科技工作者年轻化趋势得以保持。未来我国科技事业发展将享受到科技工作者年轻化的红利。

但不得不承认的是，数量众多、作用突出的青年科技工作者群体也

---

① 中国科协调研宣传部，中国科协创新战略研究院.中国科技人力资源发展研究报告(2020)——科技人力资源发展的回顾与展望[R]，北京：清华大学出版社，2021.

② 全国科技工作者状况调查课题组.第四次全国科技工作者状况调查报告[R].北京：中国科学技术出版社，2018.

面临着工作、学习、生活等各方面的困难。根据中国科协开展的第四次全国科技工作者面上调查，48.4%的青年科技工作者认为科技人员的积极性和创造性没有得到充分发挥的问题比较突出或非常突出。如，55.5%的青年科技工作者认为自己主持科研项目的机会太少，49.0%的青年科技工作者认为自己可以支配的科研时间不太够用或极不够用，35.1%的青年科技工作者认为缺乏业务或学术交流机会是其面临的主要困扰，46.8%的青年科技工作者明确表示对当前工作环境不满意或不太满意。除了职业发展方面的问题外，青年科技工作者在个人生活、宏观环境等方面的压力也是制约其成长发展的共性问题，如收入水平低、身心健康状况不佳、政策配套不完善等问题亟待重视和解决。

四、整体学历层次高，但领军人才少

根据调查数据，我国科技工作者以本科学历人员为主，占比高达64%，研究生和专科比例相当，分别为13%和14%，高中/中专/职高和初中及以下学历占比不到10%。这种学历水平，不仅远高于我国就业人口以初中为主的学历水平，甚至高于美国科学与工程劳动力的学历水平。根据《美国科学与工程指标2022》发布的相关数据，截至2019年底，美国55%的STEM劳动力未拥有学士学位，其中没上大学的占比45%，职业培训是未拥有学士学位STEM劳动力进入职场的主要方式。我国科技人力资源发展情况也印证了这一特点。随着高等教育大众化的快速发展，本科及以上学历者在我国科技人力资源中的占比不断提升。根据《中国科技人力资源发展研究报告

(2020)》[①]相关数据，2005 年我国本科及以上科技人力资源所占比重不足 40%，到 2017 年这一比例已升至接近 50%，截至 2019 年底，这一比例进一步提升。由此可见，未来我国本科及以上学历的科技工作者占比还将进一步提升。

尽管如此，我国科技工作者队伍中仍然面临领军人才少的问题。根据科睿唯安发布的 2022 年度“全球高被引科学家”名单，共有全球来自 22 个自然科学与社会科学领域的 6 938 人次入榜。中国(除中国港澳台地区外)有 1 169 人次入选，占比为 16.2%，而美国则以 2 764 人次占总数的 38.3%，继续占据世界第一。比较近年来我国与美国高被引科学家人数与占比情况，尽管我国人数和占比有所提升，二者差距在缩小，但美国的科学研究水平居世界领先地位的事实依然没有发生改变。全球学者库发布的“全球顶尖前 10 万科学家排名”中，美国的顶尖科学家人数为 39 847 人，在全球中的占比高达 40.0%，而中国仅有 14 613 人，占比为 14.6%。[②] 据统计，2008—2018 年，世界主要国家和地区在数学、物理、化学、生物学、医学、地球科学六个领域的国家科技奖获奖人数总计为 520 人次，美国以累计 222 人次遥遥领先于世界各国，总获奖人次占世界的 42.69%，中国(包括中国香港)则以 13 人次位居世界第九名，尽管跻身世界前十，但与美国、欧盟等世界

① 中国科协调研宣传部，中国科协创新战略研究院. 中国科技人力资源发展研究报告(2020)——科技人力资源发展的回顾与展望[R]，北京：清华大学出版社，2021.

② 金锋，秦坚松，马骁. 优化我国科技人才队伍层次结构 提升全球竞争力[J]. 创新研究报告，2022.

科技发达国家和地区相比在绝对数量上的差距还十分显著①。另外，中国人在国际组织中担任高管的人数和比例仍然偏低，甚至低于一些发展中国家，也导致我国在国际组织中的代表性和话语权不强。② 我国科学家在国际大奖中获奖人数少，科技领域目前只有屠呦呦 1 位诺贝尔奖获得者，1 位沃尔夫奖获得者（袁隆平），无人获得菲尔兹奖、图灵奖等重要奖项，与美国、英国、法国、德国等国家的差距仍然十分明显。③

五、科技工作者的身份认同感不强

整体来看，我国科技工作者对个体身份认同还不够强，明确认知到自己科技工作者身份的比例较低。在调查样本中，面对自己“是否是科技工作者”这一问题，回答“肯定是”，即明确认知到自己科技工作者身份的仅占 13.09%；回答“算是吧”，基本认同自己科技工作者身份的占比为 46.72%。还有高达 35.60%的科技工作者不认同自己的科技工作者身份，另有 4.59%不知道自己是否属于科技工作者。由此可见，作为一种身份，科技工作者已经在国家层面上越来越受到重视，但在个体中的影响力还不够大，科技工作者中甚至有很大一部分人没有认识到自己的这一身份。科技工作者职业类目较多，涵盖各行各业，但一些科技工

① 中国科协创新战略研究院. 中国科学技术与工程指标(2020)[M]. 北京：清华大学出版社，2020：201 - 202.

② 李军平，秦久怡. 我国科学家在国际科技组织中任职存在的问题及建议探析[J]. 未来与发展，2016(4)：59 - 61.

③ 金锋，秦坚松，马骁. 优化我国科技人才队伍层次结构　提升全球竞争力[J]. 创新研究报告，2022.

作者对自己的职业认知存在一定偏差，有很多高级职称的劳动者认为自己不属于科技工作者，或者从事制造业等行业的工人、自然科学中小学教师、受教育程度较低的科技劳动者等都有很大部分认为自己的职业不属于科技工作者范畴。这反映出大众对科技工作者的定义还比较局限，很多人认为只有从事“高精尖”产业相关工作的人才属于科技工作者。

中国科协作为党和政府维系科技工作者的桥梁纽带，是“科技工作者之家”。多年来，各级科协组织在服务和联系科技工作者方面做出了很多努力，科技工作者对科协组织的认可度显著提升。如 2021 年广西壮族自治区第三次科技工作者状况调查结果显示，25.8%的科技工作者表示了解科协组织情况，与 2015 年相比提高了 7.6 个百分点，其中“非常了解”“比较了解”的比例分别提高了 1.9 个百分点和 5.7 个百分点。同时，科技工作者对科协组织的影响力给予了肯定，35.2%科技工作者认为科协组织有影响力，其中认为非常有影响力的占 6.9%。[①] 通过提高组织凝聚力来提高科技工作者的自我身份认同，激励科技工作者听党话跟党走，是未来一个时期内科协组织要着力关注的问题之一。

第二节　我国科技工作者队伍建设面临的机遇与挑战

当前，我们正处在中华民族伟大复兴战略全局和世界百年未有之

① 澎湃新闻. 高学历、高职称比例大幅提高 广西发布第三次科技工作者状况调查结果[EB/OL]. (2021－05－26)[2022－12－06]https://www.thepaper.cn/newsDetail_forward_12871025

大变局同步交织、相互激荡的重要历史时期，科技创新已经成为世界百年未有之大变局和中华民族伟大复兴全局中的“关键变量”，科学理论和技术创新的重大突破不仅将重塑世界格局，还将为增进民生福祉提供科技支撑，不断开辟人类文明发展进步的新空间。统筹国内国际两个大局，需要全面贯彻新发展理念，加快构建新发展格局，坚持实施创新驱动发展战略，把科技自立自强作为国家发展的战略支撑，强化国家战略科技力量，加快建设创新型国家和世界科技强国。在这个伟大的历史进程中，科技工作者队伍建设的未来发展也迎来了前所未有的机遇和挑战。

一、国际人才竞争势不可挡

人才是第一资源，是第一要素，是推动经济发展和技术创新的主体，也是经济社会创新与发展的重要力量。全球化时代国际人才竞争日益激烈，世界各国对于高端科技人才的需求也不断增大。全球劳动力市场上高端科技人才供不应求的现象时有发生，而科技、贸易、金融领域的争夺归根到底是人才的争夺①。

世界各国都将科技人才竞争作为促进本国经济社会发展的重要手段，甚至上升到国家战略高度。

作为全球科技人才流动的主要目的地，美国在留学、工作、创业、科研的各阶段以及创新链条的各环节面向全球持续吸引所需人才，支

① 苗绿，陈肖肖. 全球人才竞争与中国国际人才政策创新[J]. 中国科技人才，2021(3)：45 - 52.

撑了美国基础科学、前沿科学和工业体系的持续创新。[①] 近年来,为了强化美国在全球科技的领先地位,美国依然通过放宽限制性移民政策等方式促使优秀科技人才移民美国。2022 年为吸引科技人才赴美留美,拜登政府发布了一系列移民新政,包括拓宽专业领域、延长实习期限、放宽签证要求等,2022 年 7 月底,美国移民局还专门发布了关于非美国公民在 STEM 领域获得临时签证和永久移民的信息总览,系统梳理了各类人才获取留美资格的各种渠道。

英国在 2020 年 7 月提出设立国家"人才办公室",设立了 3 亿英镑基金支持各类研发机构,发布《英国研究与发展路线图》,开放了无限额的"全球人才签证",推出超常规的人才新政,允许高水平科学家和研究人员无须工作邀请就可获得英国移民签证,并延长留学生毕业后在英居留时间,大力延揽全球最优秀的科学家、研究人员和企业家,签证持有人可一次在英国生活和工作 5 年。[②③④] 2022 年,英国政府推出高潜力人才签证(High Potential Individual, HPI),面向"全球大学名单"上的 50 所院校的学士、硕士或博士毕业生,申请人可在无工作机会的情况下,直接获得在英国生活工作的签证;随后又正式开放了企业扩大签证(Scale-up)申请通道,该签证旨在吸引科学家、工程

① 秦琳,姜晓燕. 国际比较视野下我国参与全球战略科技人才竞争的形势、问题与对策[J]. 国家教育行政学院学报,2022(08):12-23.

② 秦琳,姜晓燕. 国际比较视野下我国参与全球战略科技人才竞争的形势、问题与对策[J]. 国家教育行政学院学报,2022(08):12-23.

③ 陈丽君. 如何迎接新一轮全球人才竞争[N]. 光明日报,2021-02-21(07).

④ 搜狐网. 连出三条签证政策力保留学生毕业留英! 英国正式全球抢人! [EB/OL]. https://m.sohu.com/a/582417137_121190418/?scm=1002.590044.0.10421-1195 [2023-02-07].

师、建筑师等全球人才，其特点是，持有人工作 6 个月后，无须雇主的进一步担保也可在签证有效期满前留在英国或续签。①

日本政府希望增加在日本的外国高端人才，已开始讨论对居留资格设置新框架，计划把世界大学排行榜前列大学的毕业生为求职而能够停留在日本的时间从目前的 90 天延长至最长 2 年。这一政策的对象是在英国和中国相关机构发布的 3 个大学排行榜中、在 2 个以上榜单中排在前 100 名大学的毕业生。由于允许找工作，参加带薪实习也将变为可能。报道称，日本政府还将推出年收入 2 000 万日元（约合人民币 105 万）以上的研究人员等可在 1 年内获得永久居留权的机制。

作为世界第二大经济体，面对日益激化的国际人才竞争，我国在大规模集聚、使用全球高端人才智力，有效配置、利用国际创新创业要素资源，产生具有世界影响力的原创性成果等方面仍有差距。整体上看，我国国际人才吸引力仍弱于美国、日本等发达经济体，主要表现在以下三个方面：

一是国际人才引进数量处于世界较低水平。根据第七次全国人口普查数据，2020 年我国境内的外籍居民为 84.57 万人②，约占全国总人口的 0.058%。相比较而言，根据联合国移民署发布的最新《世界移民报告 2022》，移民在全球总人口中占比为 3.6%。同时，科技人才队伍中外籍人才占比过低。以中科院为例，2020 年外籍聘用人员占

① 搜狐网.连出三条签证政策力保留学生毕业留英！英国正式全球抢人！[EB/OL]. https://m.sohu.com/a/582417137_121190418/?scm=1002.590044.0.10421-1195 [2023-02-07].

② 搜狐网.七普数据看境外人口在中国的分布情况[EB/OL].(2021-09-18)[2022-11-13]. https://www.sohu.com/a/490743334_121123756.

科研人员总数的比例刚超过3%，与之相比，据统计，截至2017年12月，马普学会约20 380名员工中有29.8%来自国外，15 650名科学家中外国人占52.2%①。根据联合国统计数据，截至2019年底，联合国共有36 574名职员，我国职员仅565人，排第21位，占职员总数的1.54%。其中，D级以上职务共有378个，中国仅有14人，排第8位。②

二是依然面临人才流失问题。根据智联招聘发布的《2022中国海归就业调查报告》③，自2020年以来，在中国国内求职的海归数量明显增长，回国求职的应届留学生数量增多。2022年回国求职留学生数量再创新高。从留学生情况来看，尽管我国目前留学生学成归国回流态势明显，但总体来看依然处于净流失状态。根据教育部统计数据，1978年到2019年我国累计出国留学人数已达656.60万人，回国人数为423.17万人，即有232.89万留学生仍在国外(见表5-2)。2021年，我国出国留学生总人数约为52.37万，留学回国人数为40.91万人。

表5-2 2000—2019年我国出国留学人数和留学回国人数

年份	累计留学回国人数	当年留学回国人数	累计出国留学人数	当年出国留学人数	累计留学回国人数与累计出国留学人数的差值
2000	13.00	0.91	34.00	3.90	−21.00
2001	13.50	1.22	46.00	8.40	−32.50
2002	15.30	1.79	58.50	12.50	−43.20
2003	17.80	2.02	70.00	11.73	−52.20

① 郑久良，叶晓文，范琼，汤书昆. 德国马普学会的科技创新机制研究[J]. 世界科技研究与发展，2018，40(6)：627-633.

② 陈炳君. 新时代高校国际化人才培养策略选择[J]. 神州学人，2022(9)：34-36.

③ 先导研报. 智联招聘：2022中国海归就业调查报告[EB/OL]. https://www.xdyanbao.com/doc/3olgj8ylzy?bd_vid=10584032739727188251[2023-02-10].

（续表）

年份	累计留学回国人数	当年留学回国人数	累计出国留学人数	当年出国留学人数	累计留学回国人数与累计出国留学人数的差值
2004	19.80	2.51	81.40	11.47	−61.60
2005	23.30	3.50	93.30	11.85	−70.00
2006	27.50	4.20	106.70	13.40	−79.20
2007	32.00	4.40	121.20	14.40	−89.20
2008	39.00	6.93	139.00	17.98	−100.00
2009	49.70	10.83	162.00	22.93	−112.30
2010	63.22	13.48	190.50	28.47	−127.28
2011	81.84	18.62	224.50	33.97	−142.66
2012	109.13	27.29	264.46	39.96	−155.33
2013	144.48	35.35	305.86	41.39	−161.38
2014	180.96	36.48	351.84	45.98	−170.88
2015	221.86	40.91	404.21	52.37	−182.35
2016	265.11	43.25	458.66	54.45	−193.55
2017	313.20	48.09	519.50	60.84	−206.30
2018	365.14	51.94	585.71	66.21	−220.57
2019	423.17	58.03	656.06	70.35	−232.89

数据来源：王辉耀，苗绿 主编. 中国留学发展报告（2022）[R]. 北京：社会科学文献出版社，2022。

说明：累计值自1978年开始计算。

资料来源：《中国统计年鉴2010年》，2010—2019年数据为教育部公布的数据。

三是人才培养的国际化水平较低。经过多年的努力，尽管我国传统教育体制有了很大改变与突破，但在教育观念、教育内容、教育模式、教育手段等方面与世界发达国家相比仍较为落后。如，教育观念上注重以知识传授为主，忽视对学生创新思维和实践能力的锻炼与培养；教学方法上主要以课堂教学为主，忽视学生的主体地位和个性化差异；教学内容上注重知识的整体性、系统性，内容结构过于封闭、僵化，不能紧跟时代发展。这导致了当前我国高等教育培养的人才不仅缺乏创新精神、创造能力，而且在国际视野、专业技能、文化素养以及组织管理、沟通协调能力上与国际标准要求也存在较大差距。[①] 尤其是在科技领军人才的自主培养方面，由于现有人才培养体系过于注重专业化，缺乏宽口径培养思维和模式，导致科技人才普遍存在专业知识单一的问题，战略眼光和意识、跨学科理解能力和具有前瞻性的判断力较为缺乏，因此难以站在国家发展的高度提出影响全局的战略构想；与世界发达国家相比，我国人才培养模式依然相对传统，学生应试能力突出，但创新能力不足也是长期困扰的弊端，很多青年科技人才虽有突出的科研动手能力，但在科学思想的提炼和科学发现的表达交流方面存在短板，难以在国际舞台讲好中国的科研发现；科技人才培养质量评价过度注重短期性评价，促进青年人才成长为战略科学家的制度环境有待改善。较为短期的项目和人才评价周期与聚焦国际重大研究方向的目标难免存在矛盾，对提前部署关键技术预研、研发国际先进的原创性成果、培养具有国际视野的战略科学家提出挑战。[②]

当今世界正经历百年未有之大变局，国际形势复杂多变，不确定性强。面对深刻变化的国际国内形势，中国的对外开放具有了新的特征，对于科技工作者未来发展也形成了新的反馈。随着科学研究范式的深刻变革和学科交叉融合不断发展，加强科技开放合作，是通过科

① 王丽华.国际化对我国高等教育人才培养模式的影响[J].中国高校科技，2017(4)：59-60.

② 陈先哲.面向中国式现代化全面提高人才自主培养质量[J].人民教育，2022(21)：41-43.

技创新共同应对全球性挑战的必然选择。以开放合作促进科技创新已成为世界科学界的共识。实现从人才大国走向人才强国的宏伟目标，积极参与世界人才竞争是必然选择。截至目前，我国已经同160多个国家和地区建立了科技合作关系，下一步将实施更加开放、包容、互惠、共享的国际科技合作战略，以更加开放的态度推动全球科技创新协作。党的二十大报告指出，要推进高水平对外开放，稳步扩大规则、规制、管理、标准等制度型开放。构建更大范围、更宽领域、更深层次的对外开放新格局，科技工作者未来必将参与连接全球科技界的桥梁搭建，构建倡导和推动国际科技共同体合作的开放平台的建设中来。

二、实施人才强国战略时不我待

我们党始终重视培养人才、团结人才、引领人才、成就人才，团结和支持各方面人才为党和人民事业建功立业。人才强国战略的提出到实施，充分体现了党和国家对于人才与人才工作的重视。

作为党和国家的一项重大战略决策，我国提出实施人才强国战略已有20余年的历史。2002年，《2002—2005年全国人才队伍建设规划纲要》颁布，“实施人才强国战略”首次提出。《2002—2005年全国人才队伍建设规划纲要》明确指出“抓住机遇，迎接挑战，走人才强国之路，是增强我国综合国力和国际竞争力，实现中华民族伟大复兴的战略选择。”2003年，全国人才工作会议召开，《中共中央、国务院关于进一步加强人才工作的决定》正式发布，明确提出“大力实施人才强国战略”，强调了实施人才强国战略是党和国家一项重大而紧迫的任务，并进一步明确了新世纪新阶段中国人才工作的重要意义、全面部署了人才工作的根本任务，制定了一系列有关方针政策。2007 年，人才强国战略与科教兴国战略、可持续发展战略一起确立为经济社会发展的三大国家战略，被写进党章。人才强国战略被提升到了国家最高战略层面。2010 年，第二次全国人才工作会议召开，《国家中长期人才发展规划纲要（2010—2020 年）》颁布，明确了“当前和今后一个时期，我国人才发展的指导方针是：服务发展、人才优先、以用为本、创新机制、高端引领、整体开发”，确立了人才优先发展的战略布局。

党的十八大以来，党中央提出一系列新理念、新战略、新举措，不断开创新时代人才工作新局面。以习近平同志为核心的党中央作出人才是实现民族振兴、赢得国际竞争主动的战略资源的重大判断，作出全方位培养、引进、使用人才的重大部署，推动新时代人才工作取得历史性成就、发生历史性变革。2012 年，党的十八大再次强调，加快确立人才优先发展战略布局，推动我国由人才大国迈向人才强国。2016 年，中央出台《关于深化人才发展体制机制改革的意见》明确指出“人才是经济社会发展的第一资源”“坚持聚天下英才而用之，牢固树立科学人才观，深入实施人才优先发展战略，遵循社会主义市场经济规律和人才成长规律，破除束缚人才发展的思想观念和体制机制障碍，解放和增强人才活力，构建科学规范、开放包容、运行高效的人才发展治理体系，形成具有国际竞争力的人才制度优势。”我国人才发展体制机制改革进入深水区。2017 年，党的十九大报告指出，“人才是实现民族振兴、赢得国际竞争主动的战略资源。要坚持党管人才原则，聚天下英才而用之，加快建设人才强国。实行更加积极、更加开放、更加有效的人才政策，以识才的慧眼、爱才的诚意、用才的胆识、容才的雅量、聚才的良方，把党内和党外、国内和国外各方面优秀人才集聚到党和人民的伟大奋斗中来，鼓励引导人才向边远贫困地区、边疆民族地区、革命老区和基层一线流动，努力形成人人渴望成才、人人努力成才、人人皆可成才、人人尽展其才的良好局面，让各类人才的创造活力竞相迸发、聪明才智充分涌流。”强调要加快建设人才强国。2018年，在全国组织工作会议上，习近平总书记进一步提出：“加快实施人才强国战略，确立人才引领发展的战略地位，努力建设一支矢志爱国奉献、勇于创新创造的优秀人才队伍。”我国阶段性人才强国战略由人才优先发展转入人才引领发展的新阶段。[①]

2021年中央人才工作会议召开，这是第一次以党中央的名义召开人才工作会议，也意味着党和国家对于人才工作的重视达到了新的高度，人才工作在我国经济社会发展全局中有了新的战略定位。会议系统论述了我国在人才工作方面取得的伟大成就和面临不足，并提出了未来建设世界重要人才中心和创新高地的战略目标和实现路径，为未来人才工作指明了方向。尤其值得关注的是，中央人才工作会议将战略科学家、科技领军人才及创新团队、青年科技人才作为新时代人才强国建设的重点关注对象，提出相应举措。[②] 在新时代人才强国战略布局中，科技人才已成为未来人才工作的重点。

党的二十大报告再次强调要深入实施人才强国战略，并开辟专章

① 孙锐. 新时代人才强国战略的内在逻辑、核心构架与战略举措[J]. 人民论坛・学术前沿，2021(24)：14－23.

② 孙锐. 新时代人才强国战略的内在逻辑、核心构架与战略举措[J]. 人民论坛・学术前沿，2021(24)：14－23.

论述“教育、科技、人才是全面建设社会主义现代化国家的基础性、战略性支撑”，强调“深入实施科教兴国战略、人才强国战略、创新驱动发展战略，开辟发展新领域新赛道，不断塑造发展新动能新优势”，既为未来人才工作指明了方向也提出了新的要求。尤其在强调“深入实施人才强国战略”时明确指出，“加快建设国家战略人才力量，努力培养造就更多大师、战略科学家、卓越工程师、大国工匠、高技能人才”。大国工匠、高技能人才等对科技发展密切相关的人才类别也纳入战略人才力量统筹考虑。科技工作者将在各个领域发挥更加重要的作用。

人才是第一资源，是一切创新的重要保障。习近平总书记指出：“创新驱动本质上是人才驱动，立足新发展阶段、贯彻新发展理念、构建新发展格局、推动高质量发展，必须把人才资源开发放在最优先位置，大力建设战略人才力量，着力夯实创新发展人才基础。”当前我国依然面临才队伍结构性矛盾突出，人才政策精准化程度不高，人才发展体制机制改革不够深入等问题，迫切需要下大力气加以解决。① 深入实施新时代人才强国战略，既是解决这些问题的最优方案，也是加快建设世界重要人才中心和创新高地，为 2050 年全面建成社会主义现代化强国打好人才基础的必由之路。

三、科技自立自强依靠人才支撑

科技自立自强是国家强盛之基。我国一直高度重视科技创新。

---

① 青平. 国以才兴 让青年人才“万马奔腾”[N]. 中国青年报，2022-08-22(1).

党的十八大以来，一系列关于科技创新的制度改革和政策措施陆续出台，中国进入了科技事业的大发展时期。习近平总书记谋篇布局创新驱动发展战略，提出坚持把科技创新摆在国家发展全局的核心位置，把科技自立自强作为国家发展的战略支撑。

在顶层设计方面，围绕建设创新型国家和世界科技强国目标，加强科技创新和制度创新"双轮驱动"，出台了实施创新驱动发展战略的顶层设计文件，制定了深化科技体制改革的实施方案。① 动态编制发布并持续推动落实以15年为周期的国家中长期科技发展规划和以5年为周期的科技创新规划。② 在政策体系方面，2021年，科技政策首次纳入中央经济工作会议范畴，突出显示了科技创新在国家发展全局中的重要作用；2022年新修订实施的《中华人民共和国科学技术进步法》将近年来科技改革取得了一系列成果固化为法律，上升为国家意志。一个系统、完备、有效的政策体系正在形成。在宏观管理职能统筹方面，组建国家科技咨询委员会，建立国家科技领导小组与国家科技体制改革和创新体系建设领导小组；整合科学技术部、原国家外国专家局职能，重新组建科学技术部，并将国家自然科学基金委员会改由科学技术部管理，把科技创新工作和人才引进工作、基础研究和应用研究统筹起来，推动科技管理职能从分钱、分物、定项目转变为"抓战略、抓改革、抓规划、抓服务"。加强各类创新要素统筹，推进项目、人才、基地一体化部署，优化整合中央财政科技计划，强化科技计

① 贺德方，汤富强，刘辉．科技改革十年回顾与未来走向[J]．中国科学院院刊，2022，37(5)：578－588．

② 袁志彬．党的十八大以来主要科技政策回顾与未来展望[J]．科技导报，2022(20)：13－19．

划资源统筹与战略聚焦。[①] 加强监管统筹,形成科技大监督格局。成立科技伦理委员会,建立分层分级的科技伦理治理体系。制定国家科技安全政策,增强科技安全保障能力。[②]

党的二十大报告进一步强调"加快实施创新驱动发展战略,加快实现高水平科技自立自强"。科技在高质量发展和中国式现代化建设中的作用日益凸显。人才是实现高水平科技自立自强的重要支撑。

近年来,全球对人才的数量需求和质量提升正在急速增长。据国际货币基金组织(IMF)、光辉国际(KornFerry)预测,未来五年全球将创造出1.5亿个新的高科技岗位,到2030年全球将高技术人才短缺将达到8 500万人。[③] 但现有的人才供给并不能满足如此迫切的需求。特别是人口老龄化加剧、新生代供给的规模没有提升,加之新冠疫情下全球人员流动受阻、人才全球供给链被打断,导致全球人才供给日益趋紧。在如此激烈的国际人才竞争形势下,我国人才发展的未来也难以独善其身。与此同时,近年来,美国及其盟友对我国科技采取遏制甚至局部"脱钩"策略,利用既有的和新通过的法律、规则以及总统权力来对中国实行出口管制、投资限制等"压制性"和"自强性"脱钩措施,目的是培育美国自身的技术能力,加强对中国的科技封锁,以

① 袁志彬.党的十八大以来主要科技政策回顾与未来展望[J].科技导报,2022,40(20):13-19.

② 贺德方,汤富强,刘辉.科技改革十年回顾与未来走向[J].中国科学院院刊,2022,37(5):578-588.

③ 吴江.培养造就规模宏大的青年科技人才队伍[J].中国党政干部论坛,2022(2):33-39.

维护美国的科技领导地位[①]。中美之间的“人才战争”已经全面打响。美国在不断提升自身人才培养能力的同时,依然对我国采取的科学技术封锁和人才引进培养的种种遏制手段,将使我们未来不得不面临竞争形势日益恶化的长期局面。[②] 实际上,科技人才的竞争依然是科技竞争的焦点与实质。突破“卡脖子”关键核心技术,目前的主要突破口依然在人才。

实现高水平科技自立自强,关键在于科技创新人才的自我培养。习近平总书记深刻地指出,当今世界的竞争说到底是人才竞争、教育竞争。要更加重视人才自主培养,努力造就一批具有世界影响力的顶尖科技人才,稳定支持一批创新团队,培养更多高素质技术技能人才、能工巧匠、大国工匠。当前,我国已经建成了世界上最大规模的教育体系,我们应该有自信我国教育是能够培养出大师来的。根据最新数据,截至 2020 年底,我国科技人力资源总量为 11 234.1 万人。由于科技工作者绝大部分来源于科技人力资源,可以计算得到,科技人力资源向科技工作者的转化率为 51.95%,即大约每 1.93 个科技人力资源中有 1 个转化为科技工作者。我国科技人力资源密度一直处于持续增长状态,到 2020 年已经接近每万人口 800 人,远高于我国科技工作者的密度情况,这都说明我国科技人力资源转化为科技工作者还有很潜力可以挖掘。

---

① 周琪.美国对中国科技“脱钩”的战略动机及政策措施[J].太平洋学报,2022(8):1-25.

② 吴江.培养造就规模宏大的青年科技人才队伍[J].中国党政干部论坛,2022(2):33-39.

第三节　加强我国科技工作者队伍建设的政策建议

世界知识产权组织等发布的全球创新指数显示，我国排名从2012年的第34位快速上升到2021年的第12位。跨入创新型国家行列，在体现了我国科技创新实力的同时，也对未来我国科技工作者充分发挥支撑作用提出了更高的要求。加强科技工作者队伍建设，既是科技进步发展的要求，更是面向国家需求，建设世界重要人才中心和创新高地不可回避的话题。

一、以我为主，大力培养优秀人才

坚持教育优先发展，健全人才自主培养体系。逐步实现义务教育资源与公共服务均等化，推进区域内教育均衡发展，提高义务教育水平；促进各学段普通教育与职业教育渗透融通，把发展中等职业教育作为普及高中阶段教育和构建现代职业教育体系的重要基础；继续推进高等教育内涵式发展，逐步构建具有国际竞争力的高等教育体系。

提高人才自主培养能力和质量。降低科技创新人才培养重心，从基础教育阶段开始加强科学精神培养，提高科学教育课时，改变教学考核方式，逐步提高科学教育在校内教育的重要性。优化高等教育学科布局，瞄准世界科学前沿和关键技术领域，拓展国家急需高层次人才专项建设。

以国家战略为导向，深化教育改革。推进高校学科体系、教学体系改革。深化工程教育改革，完善校企联合培养机制，重点建设一批工程类硕士点、博士点，将学生参与企业工作、完成特定项目作为学业重要内容。组织实施卓越工程师选调培养计划。持续实施“高等学校基础研究珠峰计划”。实施基础学科急需人才培养专项。推动职业院校、技工院校同企业深度合作，推广“订单式”培养模式，推行中国特色学徒制，培养知识型、技能型、创新型高技能人才队伍。[①]

二、创新方式，多渠道吸引造就领军人才和创新团队

创新人才培养支持方式。加强统筹各类战略人才重点培养工程和支持计划，完善支持政策，创新支持方式。构建科学、技术、工程专家协同创新机制，建立统一的人才工程项目信息管理平台，推动教育、科技、人才项目与国家战略科技任务相衔接。

提高发现培养创新人才水平。在不断做大高学历高水平科技工作者基数的基础上，有意识地发现和培养更多具有战略科学家潜质的高层次复合型人才，大力培养使用战略科学家，着力打造大批一流科技领军人才和创新团队，不断聚集建设世界重要人才中心和创新高地的战略科技人才力量。加大对科技工作者聚集行业职业类型人群的关注与调查评估，对于明显与行业发展不适应的职业类型有意识地加以扶持，畅通科技工作者相关岗位的职业发展通道，促进人才

① 吴江. 建设国家战略人才力量 支撑高水平科技自立自强[N]. 光明日报，2023－02－12(07).

成长。

加大人才引进服务力度。构建高效便捷出入境和停居留服务体系，建设国际化便捷的“一站式”服务平台，改善出入境和停居留服务，实现外国人才服务事项一站通办。加强人才安全的防范和预警，确保引才过程和结果规范安全。①

营造人才成长良好环境。持续深化人才发展体制机制改革，用好全球创新资源，培养造就引进更多领军人才和创新团队。加大对战略科学家、科技领军人才的使用和激励。着力打造有利于青年科技工作者脱颖而出的政策环境，为青年科技工作者工作、生活、学习提供良好环境，为促进青年科技工作者成长和发挥潜力提供支持和保障。

三、人岗相适，支持创新人才合理流动和高效配置

加强顶层设计与宏观引导。科学研判国内外人才流动形势，综合考虑重点区域、重点领域人才需求，编制与科技产业布局和高质量发展相适应的人才发展规划和急需紧缺人才目录，聚焦重大战略和重大工程，精准调配人才布局。开展新兴科技领域动态调查研究，把握传统职业和新兴职业的就业替代和就业创造趋势。充分发挥市场作用，发挥服务型政府职能，破除人才流动障碍，打破户籍、身份、学历、人事关系等制约，促进人才资源合理流动、有效配置；畅通人才流动渠道，

---

① 吴江. 建设国家战略人才力量 支撑高水平科技自立自强[N]. 光明日报，2023-02-12(07).

完善社会保险、人事档案等配套政策，为人才跨地区、跨行业、跨体制流动提供便利。

促进区域合作与国际交流。依托重大区域战略推进信息共享互通、规则标准互认，深化区域人才交流合作。完善重点领域和地区人才流动管理办法，完善知识产权、竞业禁止、人才安全等政策法规，引导人才依法有序流动。鼓励国际科技人文交流，加强职业资格国际互认。

畅通人才流动渠道。研究吸引非公经济组织和社会组织的人才进入党政机关、企事业单位的政策措施，逐步建立体制内外相互贯通的人才评价体系，让人才能够在政府、企业、智库间有序流动。完善科研人员离岗创业、挂职兼职等政策措施，探索设置流动岗位，吸引市场一线的企业家、科学家，推动各类创新主体加快创新融通。

四、广泛宣传，让科技工作者成为青少年向往的职业

大力宣传科技在社会经济发展中的重大作用。充分利用各种媒体介质，宣传重大科学发现及影响。大力提高全民科学素质，使全社会在尊重科学、崇尚创新的社会氛围推动形成讲科学、爱科学、学科学、用科学的良好习惯。

加强对青年学生的引导。大力宣传科学家、优秀科技工作者、杰出人才等的突出贡献与感人事迹，激发大家的爱国热情和报国志向。加强科学教育在基础教育中的作用和地位，引导青年学生从小培养学科学爱科学的精神，选择科技类相关专业作为自己的学业。

提高科技相关岗位的待遇和社会地位,促进更多科技类学科毕业生选择科技工作者作为自己首要的职业选择,不断提高科技人力资源向科技工作者的转化率。

五、强化认同,使中国科学家精神成为科技界的主流价值追求

减小认知偏差,最大程度形成科技工作者职业的社会认同。对科技工作者职业分类体系加大宣传,特别要重视和加强对基层科技工作者的宣传,促使各行各业的科技工作者更加明确自己的工作属性,了解自己的职业类型,增强科技工作者职业自信,引导他们将个人发展与国家繁荣发展有机结合,更好地在自己的岗位上发光发热。

增强使命感、责任感,大力弘扬科学家精神。在全社会形成尊重知识、崇尚创新、尊重人才、热爱科学、献身科学的浓厚氛围,鼓舞和激励广大科技工作者争做重大科研成果的创造者、建设科技强国的奉献者、崇高思想品格的践行者、良好社会风尚的引领者,推动中国科学家精神成为科技界的主流价值追求。

本章小结

科技工作者是实现高水平科技自立自强的重要支撑,也是实现中国式现代化不可或缺的人力储备。经过多年的努力,我国科技工作者队伍发展取得了巨大成就,但也存在一些不足。主要体现在,我国科

技工作者总量规模大，但人才密度低，人均占有不足，与发达国家差距还比较明显；职业类型多且丰富，但不同类型科技工作者数量不均衡；青年是我国科技工作者的主力军，科技工作者年轻化特征明显；我国科技工作者队伍整体学历层次高，但领军人才不足；科技工作者身份认同感不强，需继续提高价值认同和凝聚力。伴随着世界百年未有之大变局，党和国家对于科技事业的高度重视，人才工作重要性的日益提升和科技革命、国际形势的影响，我国科技工作者未来发展迎来了前所未有的机遇和挑战。为了更好地促进科技工作者发展，建议应以我为主，大力培养优秀人才；创新方式，多渠道吸引造就领军人才和创新团队；人岗相适，支持创新人才合理流动和高效配置；广泛宣传，让科技工作者成为青少年向往的职业；强化认同，使中国科学家精神成为科技界的主流价值追求。

第六章

研究的总结与展望

本书在界定科技工作者概念、明确职业类型的基础上，探索性地提出了系统性的测算方案，并进行总量测算和结构分析，对截至2020年底我国科技工作者总量、结构及发展状况进行了初步分析。研究结论为了解我国科技工作者队伍发展的基本情况提供了数据积累，也是未来进一步开展研究的基础。随着社会的日益发展和研究手段的不断更新，为满足更加精准、更加有效、更加与时俱进的要求，未来科技工作者研究仍有进一步深化和拓展的空间。

第一节　主要结论

在科学界定科技工作者定义和明确科技工作者职业类型的基础上，本书综合运用多种方法测算了截至2020年底我国科技工作者的总量结构状况，描绘了我国科技工作者队伍的基本状况，得到了初步结论。

一、关于科技工作者的测算及方法

科技工作者定义产生后，对于科技工作者相关测算和调查就随之发生。多年来，尽管有很多相关探索和实践，但依然没有权威的科技工作者总量结构测算方法与数据。尽管有一些与科技工作者相关的概念和统计数据，但由于不同概念的定义外延和内涵不尽相同，其数值无法反映科技工作者群体的真实情况。作为人才队伍的一部分，科技工作者测算遇到人才统计相类似的问题，即统计定义不完善、统计标准不具体等，尤其是在定义分类尚不明晰的情况下得到的测算结果也难以准确反映科技工作者的总量规模。作为一个职业概念，由于尚不具备科技职业统计体系，科技工作者所涉及的科技职业尚难以全部直接得到准确数据。因此，本书在科技工作者职业分类研究的基础上，综合运用多种方法，探索符合现实情况的研究思路和方法体系。

根据科技工作者的职业类型分布，通过官方数据直接查询、抽样调查、典型调查三种方式，获得不同职业小类的科技工作者数据。从研究方法上看，多种方式结合获取数据，以及比率估计和模型平均思想的结合等为后续开展全国及各省市的科技工作者总量调查提供了开创性的视角，是科学测算科技工作者总量规模的有益探索，也是未来深化研究的起点。

二、关于科技工作者总量

从职业分类的角度来看，我国科技工作者共包含 4 个大类，27 个中类，187 个职业小类。其中，“军人中的科技工作者”职业大类，由于其特殊性，在总量和结构测算中均不考虑。即基于职业分类的科技工作者总量测算主要是对3个职业大类、26个职业中类和186个职业小类展开。

计算结果表明，截至2020年底，我国科技工作者总量为5 835.78万人，其中“在职科技工作者”4 987.78万人，占科技工作者总量的85.47%；“离退休科技工作者”848.00万人，占科技工作者总量的14.53%。

三、关于科技工作者的结构

从职业分类的角度来看，在职业大类层面，我国科技工作者大部分为专业技术人员，属于较高层次的劳动力，共有3 312.36万人，占科技工作者总量的66.41%；在职业中类层面，工程技术人员数量最多，为1 414.23万人，占科技工作者总量的28.35%，其次为卫生专业技术人员、自然科学教学人员和制造业人员中的科技工作者等，占比不足0.1%的职业中类包括采矿业人员中的科技工作者、健康服务人员中的科技工作者、其他社会生产和生活服务人员3种；在职业小类层面，科技工作者的职业类型分布存在小类集聚的特点，占比排名前十的职业小类（自然科学中小学教育教师、护理人员、信息和通信工程技术人员、临床和口腔医师、电子工程技术人员、软件和信息技术服务人员、建筑工程技术人员、机械工程技术人员、信息通信网络维护人员、专业化设计服务人员）占科技工作者总量的53.87%。

从基于抽样调查数据得到的我国科技工作者基本属性结构特点可以发现，我国科技工作者性别比例较为均衡，年轻化特征明显；专业技术职称是科技工作者职业能力评价的重要参考，超过七成科技工作者十分明确自己的专业技术职称等级；我国科技工作者就业身份中仍以相对稳定的工作岗位为主，近八成科技工作者有固定雇主；从就业区域来看，科技工作者在经济发达地区分布较多，如北京、上海、广东、山东、江苏、四川、湖北、河南等经济大省。

四、关于科技工作者队伍的发展现状

经过多年的努力，我国已经建设了一支规模宏大的科技工作者队伍。随着我国对科技创新的支持力度不断加大，对人才的重视程度不断提高，科技工作者的发展也迎来新的机遇。当前，我国科技工作者发展取得了前所未有的成就，也面临着一些不足。

在整体规模上，我国科技工作者总量大，但密度较低，每万人口、每万就业人口中科技工作者数量分别为 414 人和 664 人，而美国 2019 年每万就业人口中 STEM 劳动力数量可达 2 175 人，远远高于我国水平；在职业类型分布上，我国科技工作者涉及的职业类型十分丰富，共涉及《职业分类大典》中的 6 个大类，50 个中类，187 个职业小类，677 个职业，占《职业分类大典》全部职业总数的 45.7%，但职业类型分布不均衡，特别是农业相关的科技工作者职业类型和人数偏少，与我国农业大国的地位和建设农业强国的目标不相适应；我国科技工作者年轻化、学历高，但仍面临各种压力和困境，领军人才不足；科技工作者工作知识运用方面处于较高水平，但身份认同和价值认同仍需加强。

第二节 研究展望

掌握我国科技工作者的人数分布，据此定期发布科技职业的供求情况，引导科技工作者的分布情况向有利于社会发展目标的方向改革，最大化利用社会科技人才资源，对于建设世界科技强国具有积极推动作用。尽管目前已经初步测算得出我国科技工作者的总量并基于测算结果对科技工作者的特征作了初步分析，从研究方法上看，抽样调查、比率估计和模型平均思想的结合为后续开展科技工作者的测算和研究提供了有益视角，但关于未来研究的完善和深化仍有很大拓展空间。

一、完善测算的方法体系

在现有研究思路和方法的基础上，不断完善科技工作者测算体系。加强对科技工作者定义内涵和外延的深入研究，夯实测算的理论基础；拓展新方法探索更适合我国科技工作者特征的测算体系，如优化典型调查作为单一数据来源，将典型调查与全面调查结合起来，不仅能够弥补抽样调查的某些不足，也可验证全面调查数字的真实性；开拓新的数据来源，如充分利用我国已有的一些大规模社会调查的数据，包括中国人民大学、北京大学、中国社会科学院社会学研究所、西南财经大学、暨南大学等研究机构已积累的对全国范围大规模抽样调查数据，其中包含的样本相关职业信息可以尝试作为估算我国科技工作者规模的数据来源之一。推动相关部门开展有关职业统计，推动相关指标在统计系统落地。研究设计测算思路和方法，通过比对不同方法所得结果，找到最可信可用的测算路径。

二、开展专项调查研究

本次研究通过职业类型测算和抽样调查数据对科技工作者结构进行了初步分析。但整体来看，问卷设计更多关注总量测算的效率，结构分析内容涉及相对较少，依据抽样调查数据得到的科技工作者结构在反映全国科技工作者结构情况方面难免存在偏差。科技工作者作为就业人员，需要了解的情况维度复杂，一次调查难以解决所有问题。建议在未来研究中，一是尝试对某一职业类型科技工作者开展专题调查，详细了解该职业类型科技工作者的基本情况；二是以全国科技工作者状况调查为基础，从科技工作者科技活动、生活工作等方面选取维度进行深度调研，以期为更好地服务科技工作者及制定相关政策提供决策支持。

三、及时更新职业类型目录

与时俱进关注新产业、新业态，更新科技工作者职业类型。在我国加快推进新型工业化、信息化、城镇化和农业现代化的过程中，职业“新陈代谢”正在发生并且将持续发生变化，新产业、新业态的诞生必然伴随着新职业的产生，科技工作者职业类型研究应保持时代敏感性，结合最新发布的职业分类适时更新。尤其对于当前涌现出的新职业保持重点关注，为指导科技工作者的未来培养和使用提供现实依据。

四、持续跟踪动态监测

科技工作者总量结构不断变化，了解最新情况需要持续跟踪。未来应在完善思路和方法的基础上，持续关注科技工作者存量及其短中期的变动趋势，动态监测科技工作者总量结构变化情况，为切实摸清科技工作者家底，有效积累科技国情国力调查数据奠定基础。

附件　就业岗位及职业:面向劳动者调查问卷

尊敬的女士/先生:

本问卷旨在为课题研究收集相关数据,从而更好地服务广大科技工作者。我们保证您的信息不会用于其他任何商业或非商业用途。

本次调查预计占用您约 2 分钟的时间,非常感谢您的参与和支持!

2020 年 5 月

1. 您的性别(单选)

A. 男　B. 女

2. 您的出生年份________(填空)

3. 您的学历(单选)

A. 初中及以下　B. 高中/中专/职高　C. 专科　D. 本科

E. 研究生

4. 您的专业技术职称?(单选)

A. 无职称/不知道　B. 初级　C. 中级　D. 高级

5. 您目前的就业/工作身份？（单选）

A. 有固定雇主的雇员　B. 零工、散工或帮工　C. 雇主/老板

D. 自营劳动者/个体户

6. 您是哪年开始从事目前的工作？ ________（填空）

7. 您工作的省份或城市？ ________（填空）

8. 您工作的单位名称或单位性质（主要是做什么的）？ ________（填空）

示例：a）XX 专科医院；b）中学；c）XX 造纸装备有限公司；d）为客户安装固定电话；e）互联网公司

9. 您从事的职业属于以下哪一类？（单选）

A. 教育、卫生等专业技术人员（跳转到第 10 题）

B. 工程技术人员（跳转到第 11 题）

C. 制造业从业人员（跳转到第 12 题）

D. 其他从业人员（跳转到第 13 题）

10. 您从事的职业属于“教育、卫生等专业技术人员”下的哪一小类？（单选）

2 - 08 - 01 高等教育教师

2 - 08 - 02 中等职业教育教师

2 - 08 - 03 中小学教育教师

2 - 01 - 06 自然科学和地球科学研究人员

2 - 01 - 07 农业科学研究人员

2 - 01 - 08 医学研究人员

2 - 05 - 01 临床和口腔医师

2 - 05 - 02 中医医师

2-05-03 中西医结合医师

2-05-04 民族医医师

2-05-05 公共卫生与健康医师

2-05-06 药学技术人员

2-05-07 医疗卫生技术人员

2-05-08 护理人员

2-05-09 乡村医生

2-03-06 兽医兽药技术人员

2-03-00 农业技术人员

其他

11. 您从事的职业属于“工程技术人员”下的哪一小类？（单选）

2-02-01 地质勘探工程技术人员

2-02-02 测绘和地理信息工程技术人员

2-02-03 矿山工程技术人员

2-02-05 冶金工程技术人员

2-02-07 机械工程技术人员

2-02-09 电子工程技术人员

2-02-10 信息和通信工程技术人员

2-02-12 电力工程技术人员

2-02-15 道路和水上运输工程技术人员

2-02-17 铁道工程技术人员

2-02-18 建筑工程技术人员

2-02-19 建材工程技术人员

2－02－20 林业工程技术人员

2－02－21 水利工程技术人员

2－02－22 海洋工程技术人员

2－02－23 纺织服装工程技术人员

2－02－24 食品工程技术人员

2－02－25 气象工程技术人员

2－02－26 地震工程技术人员

2－02－27 环境保护工程技术人员

2－02－28 安全工程技术人员

2－02－29 标准化、计量、质量和认证认可工程技术人员

2－02－30 管理（工业）工程技术人员

2－02－32 制药工程技术人员

2－02－33 印刷复制工程技术人员

2－02－34 工业（产品）设计工程技术人员

2－02－36 轻工工程技术人员

2－02－37 土地整治工程技术人员

其他

12. 您从事的职业属于“制造业从业人员”下的哪一小类？（单选）

6－06－04 家具制造人员

6－10－03 煤化工生产人员

6－12－01 化学药品原料药制造人员

6－13－02 化学纤维纺丝及后处理人员

6－17－09 金属轧制人员

6-18-01 机械冷加工人员

6-20-02 锅炉及原动设备制造人员

6-20-05 泵、阀门、压缩机及类似机械制造人员

6-21-01 采矿、建筑专用设备制造人员

6-21-02 印刷生产专用设备制造人员

6-21-04 电子专用设备装配调试人员

6-21-05 农业机械制造人员

6-22-01 汽车零部件、饰件生产加工人员

6-23-01 轨道交通运输设备制造人员

6-23-02 船舶制造人员

6-24-01 电机制造人员

6-24-02 输配电及控制设备制造人员

6-25-04 电子设备装配调试人员

6-26-01 仪器仪表装配人员

6-30-02 轨道交通运输机械设备操作人员

6-30-05 通用工程机械操作人员

6-30-99 其他运输设备和通用工程机械操作人员及有关人员

6-31-01 机械设备修理人员

6-31-03 检验试验人员

其他

13. 您从事的职业属于“其他从业人员”下的哪一小类?(单选)

2-04-01 飞行人员和领航人员

2-04-02 船舶指挥和引航人员

2-06-10 保险专业人员

3-02-03 消防和应急救援人员

4-02-01 轨道交通运输服务人员

4-02-02 道路运输服务人员

4-02-04 航空运输服务人员

4-02-06 仓储人员

4-04-02 信息通信网络维护人员

4-04-05 软件和信息技术服务人员

4-06-01 物业管理服务人员

4-08-03 测绘服务人员

4-08-05 检验、检测和计量服务人员

4-08-06 环境监测服务人员

4-08-07 地质勘查人员

4-08-08 专业化设计服务人员

4-09-02 水文服务人员

4-10-04 保健服务人员

4-13-05 健身和娱乐场所服务人员

5-04-01 水产苗种繁育人员

5-04-02 农业生产服务人员

6-28-01 电力、热力生产和供应人员

6-29-01 房屋建筑施工人员

6-29-02 土木工程建筑施工人员

6-29-03 建筑安装施工人员

其他

14. 您的工作涉及以下哪些与“科学技术”相关的内容？(多选)

A. 进行科学研究　　B. 开展技术研发

C. 讲授科学技术知识　　D. 宣传科学技术知识

E. 技术与技能应用　　F. 应用科学技术知识开展相关工作

G. 都没有

15. 您认为自己是一名科技工作者吗？(单选)

A. 肯定是　B. 算是吧　C. 不是　D. 不知道

以上就是本次调查的全部内容,感谢您的参与!

后 记

本书得到中国科协创新战略研究院资助。

中国科协创新战略研究院周大亚研究员提出研究选题，拟定研究思路和分析框架，审定研究结论，改定章节目录，把关最终书稿，并起草了本书绪论。

北京工业大学经管学院艾小青教授团队制定了总量测算方法，具体执行了抽样调查和数据处理，起草了主要研究结论初稿。中国科协创新战略研究院赵吝加副研究员执笔起草了原书稿第一章和第六章初稿，并对其他章节初稿作了一些文字修改。

为更好体现研究结论的时效性，研究组随后决定，将总量测算和结构分析的截止时点，由原来 2018 年底延展至 2020 年底。据此，中国科协创新战略研究院黄园淅副研究员重新收集整理了有关统计数据，并按照艾小青教授团队抽样调查获取的不同职业样本数量比例，测算了截至 2020 年底我国科技工作者的总量及结构情况，按照新改定的章节目录，对全部初稿作了大篇幅修改，重写了部分章节。苏州大学政治与公共管理学院物流管理专业 2021 级本科生刘玄参与了文献综述和数据处理工作。

中国科协创新战略研究院石磊副研究员、程豪副研究员参与了有关研究内容的讨论。

中国人民大学赵延东教授、中国人事科学研究院蔡学军研究员等对本研究提出了许多极具学术价值和启发意义的意见建议，让我们获益匪浅。在此，一并致谢！